I0465670

DescifradO

**Una breve historia de los
verdaderos orígenes del
hombre**

Vol. 2

✠ Leon Bibi ⟨⟨⟩

Copyright © 2018

Pegasus Publishing Company

Todos los derechos reservados.

Ninguna parte de esta publicación puede ser reproducida, distribuida o transmitida de ninguna forma ni por ningún medio, incluyendo fotocopiado, grabación u otros métodos electrónicos o mecánicos, sin el permiso previo por escrito del editor, excepto en el caso de citas breves en revisiones críticas y ciertos otros usos no comerciales permitidos por la ley de derechos de autor.

Pegasus Publishing Company

155 RT 46 West 4to piso Wayne Plaza II

Wayne, New Jersey 07470

Impreso en los Estados Unidos de América.

Primera impresión 2018

Primera edición 2018

10 9 8 7 6 5 4 3 2 1

"El Señor dijo: Mirad, el hombre
Se ha convertido en uno de nosotros"

(Antiguo Testamento 3:22)

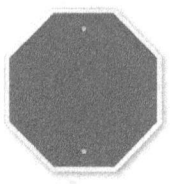

Advertencia:

Este libro contiene un secreto, cuyos temas han sido prohibidos en la historia de la humanidad, durante 4000 años.

𒀭 𒋾 𒂊 𒊭 𒀸 𒄑 𒊭 𒍝 𒉺 𒈨 𒈨

DEDICACIÓN

A mi padre: Morris Bibi, quien murió a los 94 años de edad, después de haber vivido una larga y fructífera vida.

y

A Alan Alford: quien murió inesperadamente en Nepal. El libro de Alan, "Dioses del nuevo milenio" fue un avance monumental en la antigua teoría alienígena.

Mesa de Contenidos

Descifrado

PREFACIO 1
CAPÍTULO 1 5
  ¿mito o Historia? 5
  ¿Historia? 6
  El Gran Diluvio 10
  El antiguo Testamento 14
  Las plagas 16
  Sodoma y Gomorra 18
  Levitación 20
CAPÍTULO 2 24
  MAQUINARIA 24
  ANCESTRAL 24
  LAS PIRÁMIDES 25
  Dunn vs. Cadman 39
  Cadman 43
  Piramides como maquinas 48

Las pirámides como representación de la perfección humana.....................52

Sonido 58

FRAUDE DE LOS EGIPTÓLOGOS 61

CAPÍTULO 3 66

EL PRIMERO.....................66

El primero 67

Los sumerios.....................70

Conocimiento sumerio.....................73

CAPÍTULO 4 82

Los NIBIRUANOS.....................82

Los nibiruanos 83

Evidencia 88

Nibiru.....................92

Anunnaki 98

Las contribuciones de Enki 1.................110

Las contribuciones de Enki 2.................111

La primera tableta.....................114

Guerra.....................124

Tel Khyber.....................131

Prueba de Anunnaki.....................131

CAPÍTULO 5 133

El código de adán..................133

El código de adán..................134

Creación del hombre..................137

Origen de la tierra..................149

EVOLUCIÓN..................154

Los orígenes de Adán..................156

Citas de Alan Alford..................157

CAPÍTULO 6..................159

ADN..................159

El código espiral..................159

ADN-EL CÓDIGO ESPIRAL..................160

ADN..................165

Diseño inteligente..................168

CAPÍTULO 7..................174

¿Religión?..................174

¿Religión?..................175

CAPÍTULO 8..................183

El libro y la misión...................183

El consejo de los nueve..................184

El Libro Amarillo..................188

El Libro Rojo..................189

LA MISION A SERPO..................190

TIPOS DE ET 194

CAPÍTULO 9 200

El hombre detrás de la cortina 200

Nosotros, la gente 201

SESIONES INFORMATIVAS DE REAGAN 207

Dios bendiga a los Estados Unidos de América. 209

CAPÍTULO 10 213

El código avanza. 213

Stonehenge 214

La Atlántida o la Antártida? 216

Estrella Sirius 220

Marte y la luna 224

Los rollos del mar muerto 228

Huesos 235

LÍNEA DE
TIEMPO

FECHA-EVENTO

443,000 aC - Llegada de los Anunnaki

442,000 aC - 360,000 aC - Anu viene a la Tierra

415,000 aC - Ninhursag estableció su centro médico en Shurupak

335,000 aC - Edad de hielo

226.983 aC - Enki se muda a África para supervisar la minería

220,000 aC - Edad de hielo

183.783 aC - Rebelión de los trabajadores de la mina Anunnaki

180,000 aC - Creación de Homo Sapiens

176,583 - Jardín de "E.DIN" - Adán y Eva procrean

127,000 aC - Edad de hielo

20,983 aC - Noah nace con un "color de piel diseñado genéticamente"

20,880 aC - Noé tiene 3 hijos: Shem, Ham y Jafet

12,364 aC - Nibiru entra en la órbita de la Tierra y obliga a la Tierra a inclinarse sobre el eje

11,600 aC - Edad de hielo

10,983 aC - La inundación - La capa de hielo antártico se desliza en el Océano Índico. El tsunami masivo abruma la península árabe e inunda el Golfo Pérsico

10,450 aC - Se construyen las pirámides de Giza

8,764 aC - Nibiru regresa a la órbita de la Tierra

8,700 aC - Jerusalén construida como una instalación espacial. La Esfinge es tallada.

8,670 aC - finaliza la segunda guerra piramidal

5,164 aC - Nibiru regresa a la órbita de la Tierra

4000 aC - Uruk se convierte en la ciudad más grande de Mesopotamia. Anu visita la Tierra de nuevo.

3800 aC - Los sumerios escriben la primera historia registrada en tablillas de arcilla, en Uruk

3760 aC - El calendario judío comienza

3450 aC - Nimrod construye la Torre de Babel para Marduk, y es destruido por Enlil

3100 aC - Comienzan las dinastías faraónicas.

3000 aC - Stonehenge fue construido por Thoth para Marduk como un reloj estelar.

2700 aC - Enlil reside en Nippur

2500 aC - Uruk tiene una población de 40,000 personas

2123 aC - Nacimiento de Abraham

2024 aC - Anunnaki disparó un arma nuclear en Sodoma y Gomorra

El Mar Muerto lleva su nombre. Muchos anunnaki abandonan la tierra

2024 aC - El hambre y las dificultades de la explosión terminan con la civilización sumeria

2001 aC - nace Jacob

1992 aC - Abraham muere

1513 aC - Moisés descubierto en el río

1450 aC - Mohenjo-Daro y Harappa en el día actual de Afganistán destruido por una bomba nuclear

1393 aC - Yahvé creado por los israelitas como el único Dios verdadero está documentado en el Antiguo Testamento

1391 aC- Se construyen pirámides de Teotihuacan.

1308 aC - Israelites éxodo fuera de Egipto

968 aC - Nació el rey Salomón

946 aC - El rey Salomón construye el templo de Jerusalén para Yahvé

925 aC - el templo de Jerusalén es destruido por Ramsés el Grande

610 aC - El balance de los Anunnaki abandonó la Tierra

586 aC - Nebuchadnezzar quema el templo del rey Salomón a Enlil

500 aC - se escribió el Antiguo Testamento

200 aC - Anunnaki dejan la Tierra para siempre

PREFACIO

"Vivimos en un mundo de paradojas, de gran dualidad. Tenemos edificios altos, pero temperamentos más cortos. Autopistas más amplias, pero nunca miradores. Retenemos más información, pero tenemos menos sabiduría. Tenemos más opciones para el ocio, y menos diversión. Más conveniencias, pero menos tiempo. Tenemos más medicinas y opciones médicas, pero menos bienestar. Más tipos de alimentos disponibles, pero menos nutrición. Tenemos más medios de difusión, pero menos comunicación. Más conocidos, pero menos amigos. Hemos aumentado nuestras posiciones, pero reducido nuestros valores. Hemos conquistado el espacio exterior, pero descuidado el espacio interior. Hemos destrozado el átomo, pero no nuestros prejuicios". - Autor Brad Olsen

"Búsquese a usted mismo, por usted mismo. No permita que otros hagan el camino por usted. Es su camino y suyo solo. Otros pueden acompañarlo, pero nadie puede hacerlo por usted". - Código de Ética de los Nativos Americanos

"¿Somos algunos de nosotros culpables de prejuicios, cuando tratamos las tabletas de arcilla de 5.000 años como un mito, pero el texto de Génesis de 2.500 años, como un hecho?" - Alan Alford

STE LIBRO, MI SEGUNDO SOBRE EL TEMA de los orígenes humanos, es un intento de convencerlo, mi querido lector, de que, de hecho, estamos en medio de un cambio de paradigma de la verdad. Más y más evidencia está saliendo a la superficie para probar que debemos reconsiderar y repensar los orígenes del hombre, y los poderes que protegen una mentira. El "eslabón perdido" estará eternamente perdido. No hay verdad en el darwinismo perfecto, y la evidencia colosal que existe en forma de estructuras monumentales, tablillas cuneiformes y textos escritos, cuentan la verdadera historia de la evolución humana. No somos, y nunca hemos sido, los únicos seres humanoides vivos, vivientes, y que respiran en nuestra galaxia, o el universo. Somos infantes que vivimos en un mundo de adultos maduros, que solo ahora nos están disciplinando sobre cómo comportarnos. El problema es que no queremos comportarnos.

Cuando Einstein se frustró con el comportamiento de la luz en el marco de la conocida física newtoniana, creó en su lugar un nuevo concepto de realidad física: un cambio de paradigma, que acuñó la Teoría de la Relatividad. En orden de resolver el dilema de la evolución humana, no podemos resolver el problema con el mismo tipo de pensamiento que dio origen al problema. Debemos pensar fuera de la caja, y profundizar en los reinos incómodos de nuestros miedos más profundos. Nuestras verdades más profundas y oscuras que conocemos, en el fondo, son reales. La evidencia de la existencia extraterrestre de OVNI es abrumadora. Existe justo debajo de nuestras narices, pero nuestros temores nacientes e infantiles se activan para someter la evidencia y viven cómodamente entumecidos.

Las ciencias de la física cuántica, la cosmología y la biología evolutiva, están en el centro de este cambio. Todos ellos están interrelacionados y unificados en la naturaleza. El universo tiene 13.7 mil millones de años. La Tierra tiene solo 4.600 millones de años, dejando 9.100 millones de años para que otras especies inteligentes evolucionen. Ahora hay dos campos que teorizan sobre cómo se creó el universo: los defensores del diseño inteligente, y los defensores de la evolución directa. Tal vez, en palabras del físico Ervin Laszlo, es "*diseño para la evolución*" (Laszlo - Ciencia y el Campo Akásico). Tal vez esto sea cierto. Todo fue diseñado con el propósito de evolucionar. Si el astrónomo de Harvard, Harlow Shapley, tiene razón, entonces hay al menos 100,000,000 planetas capaces de sustentar la vida en el cosmos. ¡Basados solo en la ecuación de Drake, existen 10,000 civilizaciones tecnológicas avanzadas que probablemente existan solo en nuestra galaxia Vía Láctea!

EVIDENCIA: nuestra evidencia de los verdaderos orígenes de la humanidad, se revela por la misteriosa fusión de nuestros cromosomas y el aumento extremo de nuestra capacidad cerebral en poco tiempo.

Leon Bibi

MOTIVO: el motivo de nuestros creadores, fue crear una raza de esclavos para llevar a cabo el trabajo físico en las minas en África y América del Sur para extraer oro, plata, y otros minerales necesarios para evitar que la atmósfera de los Anunnaki se incinerara.

BARRERAS: las barreras que existen para evitar que se diga la "verdad" a nuestros hijos, son la religión y el gobierno.

- La religión es prevenir la excavación debajo de la Esfinge
- La religión está evitando las excavaciones en Jerusalén
- La religión es la culpable de la destrucción de millones de páginas de la historia desde la biblioteca en Alejandría, hasta la quema de "obras del diablo" en Europa y las Américas por los misioneros
- Las poderosas familias religiosas en todo el mundo *saben* la verdad, pero no quieren filtrarla, porque hará que la religión se derrumbe sobre sus cimientos

CAPÍTULO 1

¿mito o Historia?

¿Historia?

"No hay leyes de física, astronomía o biología que puedan descartar la participación extraterrestre en la evolución de la vida en la Tierra... Al afirmar que una raza avanzada provenía de un sistema solar distante, sembró vida en la Tierra, y luego intervino en los asuntos humanos con poca frecuencia. Los intervalos no entran en conflicto con el Antiguo Testamento en absoluto, están de acuerdo con él. ¿Cómo van a reaccionar a la teoría de que, si bien la evolución existe, no comenzó en el planeta Tierra, y la razón por la que no faltan enlaces es (porque) nunca existieron? "- Will Hart

O ES INTERESANTE QUE EN LA ESCUELA, todo lo que aprendemos como “Historia" es solo aquello que se apoya en las Escrituras: el Antiguo Testamento y el Nuevo Testamento. La historia se considera no ficción y se apoya sobre la base del hecho real. Cualquier cosa en la escuela que aprendamos como "Mito", es solo aquello que no está respaldado por las Escrituras. El mito se considera ficción y no se apoya sobre la base del hecho real. ¿Y si te dijera que exactamente lo contrario es verdad? ¿Qué pasaría si le

dijera que el mito tiene una base en un hecho real y comprobado, y que gran parte de la historia es una farsa absoluta? Un encubrimiento que, de hecho, no tiene una base probada. ¿Por qué las Escrituras deben ser la base de lo que es un hecho?

Las Escrituras solo deben ser la base de la fe, no el hecho. Solo probado, luego re-probado, la ciencia puede considerarse un hecho comprobado. Gran parte de las Escrituras no se puede probar en absoluto, y una gran parte de las Escrituras puede considerarse una locura.

Considere las siguientes historias bíblicas -

- ✓ Noé transportando cada especie viviente de animal en su arca para escapar del diluvio
- ✓ Cristo caminando sobre el agua y reviviendo a los muertos
- ✓ Moisés partiendo el Mar Rojo y luego liberándolo para matar a miles de egipcios
- ✓ Los judíos que sobrevivieron durante 40 años en el desierto solo en Mana

"¿Por qué, entonces, es que tantos de esos mismos eruditos defienden la veneración de la Iglesia del Génesis como una verdad absoluta, mientras que condenan los registros originales como leyenda y mitología? Es porque, en el análisis final, a pesar de las congregaciones fallidas, la opinión de la Iglesia siempre gana a nivel oficial, ya que está inherentemente vinculada a los gobiernos que controlan los establecimientos académicos". (Gardner, pág. 83)

Ahora, dado que los libros de texto en el aula se basan en la cronología de las Escrituras, es mi opinión que su cronología es incorrecta. No es cierto que el Mundo Civilizado comenzó en 4004 a. C., como lo dijo el Arzobispo Ussher. Hemos desenterrado civilizaciones en Turquía, como Gobekli Tepe, que se ha fechado de carbono antes de 10.000 AC. Mi libro anterior "Adam = Alienígena", también afirma que las pirámides de Giza y la Esfinge también se remontan al año 10.000 a. C., basadas en pruebas de erosión hídrica en su base. Si esto es cierto, entonces la cronología actual de los faraones egipcios debe ser incorrecta. Como afirma Gardner en *Génesis de los Reyes del Grial* —

*"Por lo tanto, cuando ciertos faraones se identificaron (correcta o incorrectamente) como faraones sin nombre o con un nombre holgado del texto de la Biblia, sus fechas se representaron de acuerdo con el cálculo estándar del Antiguo Testamento. Luego, contando los años regnales hacia atrás y hacia adelante desde los puntos estratégicos, se construyó la cronología egipcia que ahora tenemos en nuestros libros de texto autorizados. Esta cronología faraónica depende completamente de la presunción de que la cronología bíblica estándar es correcta, pero la cronología bíblica del arzobispo Ussher y la iglesia cristiana está lejos de ser correcta... En lo que respecta a la historia sumeria, estamos viendo textos con raíces mucho más antiguas que los primeros registros egipcios hasta ahora descubiertos... Se nos dice que nuestros hijos están protegidos del romance de la mitología, pero en realidad se les impide aprender la verdad de la historia. Esta es una manipulación estratégica intencional por parte de un establecimiento que sabe muy bien que **las personas instruidas son la mayor de las amenazas a la tragedia gubernamental.** "*(Gardner - pág. 91)

Sobre la base de la famosa tabla sumeria, *The Kings List*, se puede deducir que los ocho reyes anteriores al diluvio reinaron durante un total de 24,120 años. Gardner creyó que el diluvio ocurrió en el 4000 aC, luego que el hombre civilizado se originó en el 30,000 aC. Sin embargo, lo que yo creo, es que el diluvio ocurrió en 12,000 aC, lo que retrasó la civilización más antigua del hombre a 36,000 aC.

TA
BLA SUMERIA

Leon Bibi

El Gran Diluvio

El Gran Diluvio, tal como lo conocemos, fue antes de la Biblia, originalmente descrito en la *Epopeya de Gilgamesh*, una de las tablas sumerias encontrada y transcrita por Leonard W. King en su libro *"Las Siete Tablas de la Creación"* en 1902. En él describió una variedad de dioses, no solo uno como en la Biblia. Se debe afirmar nuevamente que las tabletas cuneiformes son anteriores a la Biblia por miles de años. Incluso antes, un joven grabador de billetes y asiólólogo aficionado llamado George Smith, que trabajaba para el British Museum en Londres, había estado reuniendo las tabletas y notó que su traducción e historias eran muy similares a la descripción de la Biblia del Gran Diluvio. Su libro *"El Relato Caldeo de Génesis"* fue escrito en 1876 y fue el primero en comparar los antiguos textos descubiertos en Mesopotamia con los cuentos de la creación y el cuento de la inundación en la Biblia. En él, el diluvio había sido descrito de primera mano por su autor, Atra-Hasis, un hombre real. ¿Nos estaba hablando Noah directamente a nosotros a través de las tabletas sobre el Diluvio? De acuerdo con la investigación de Sitchin de la lista de los gobernantes previos al diluvio, era de hecho, ¡y no era otro que el décimo fallecido directo de Adán!

Aquí hay una transcripción exacta de la tableta Flood en la que Enki revela a Noah la llegada de la inundación:

Hombre de Shuruppak, hijo de Ubar-Tutu:

¡Derriba la casa, construye un barco!

¡Renuncia a las posesiones, busca tu vida!

¡Pertenencias de ropa, mantén el alma viva!

A bordo del barco, toma la semilla de todos los seres vivos.

Ese barco que construirás-

Sus dimensiones serán a medida.

Génesis 8: 4 establece que el Arca de Noé aterrizó en la cordillera de Ararat que se encontraba justo al norte de Mesopotamia, específicamente la montaña de Lubar. Mi libro anterior afirma que la gran inundación fue causada por Enlil, quien estaba furioso con los humanos y el ruido que causaron. Después de escuchar en la gran asamblea de los Anunnaki que Enlil iba a causar la gran inundación, Enki advirtió a Noah sobre esto. Noah luego construyó una nave sumergible cerrada, no un arca abierta, que transmitiría *"la semilla de todas las criaturas vivientes"*. Creo que este Arco contenía las semillas de la vida humana y animal en forma de ADN, no los animales en sí mismos. Es más lógico suponer que, basándose en el nivel de avance científico que poseían los Anunnaki, Enki le enseñó a Noah cómo usar el ADN en forma de tubos de ensayo para transportar la esencia de cada especie animal. Noé tenía 600 años cuando el diluvio barrió la Tierra.

Es interesante observar que si bien la inundación fue esencialmente una marejada colosal causada por el colapso de la capa de hielo sobre la Antártida, causó la devastación de las instalaciones de extracción de oro en Sudáfrica. Sin embargo, en América del Sur, o en el lado opuesto del globo, la avalancha de agua expuso el oro en las montañas de los Andes en Perú y facilitó a los Anunnaki obtenerlo sin la necesidad de minar.

Zecharia Sitchin Bio (11 de julio de 1920 - 9 de octubre de 2010) es un autor e historiador famoso por su trabajo en el espacio del antiguo astronauta, la mitología y el análisis sumerios y la egiptología. Fue un investigador innovador y orientado a los detalles de la cultura y los orígenes humanos de la prehistoria. Sus libros (ejemplo, "The 12th Planet") vendieron millones de copias y se han traducido a 25 idiomas. El trabajo de Sitchin fue incansable y desinteresado, y no fue impulsado por la codicia o el ego, sino por descubrir la verdad. Su escritura ha sido profundamente inspiradora para mí.

TABLETA SUMERIA DESCRIBIENDO LA
INUNDACIÓN

El antiguo Testamento

Antes del Antiguo Testamento, que identificaba a Dios en la versión singular, monoteísta; el concepto plural de los dioses Elohim se ignoraba en su mayor parte. Esta es una evidencia para apoyar el hecho de que, el Antiguo Testamento, fue fundado en gran parte sobre la tradición sumeria. Gardner postula:

"...debe recordarse que las 19 generaciones inclusivas, desde Adán, hasta Abraham, eran nativas de Mesopotamia. Por lo tanto, cuando Abraham emigró a Canaán en 1900 a. C., no llegó como judío, ni como cananeo, sino como sumerio. No obstante, fue el primero de la sucesión que se clasificó formalmente como hebreo, y se le considera como el último patriarca de la raza judía. Esto se deriva de su Pacto con Jehová, o más correctamente con El Elyon. De aquí en adelante, Abraham se convirtió en el padre designado de su pueblo, y la circuncisión masculina fue adoptada por sus descendientes." (Pág. 36)

Él continúa-

"El nombre hebreo deriva del patriarca Eber (Heber/Abhar), seis generaciones antes de Abraham. El término "israelita" proviene del cambio de nombre del nieto de Abraham, Jacob, que se conoció como Israel (Génesis 35: 10-12). A modo de traducción, Is-ra-el significa "soldado de El"... En cuanto a la palabra "judío", esto proviene del estilo de Judea, que son los israelitas hebreos de Judea en Canaán "(pág. 36)

Así como la palabra "Biblia" viene del griego plural sustantivo *biblia* que significa "una colección de libros", el Antiguo Testamento también puede verse como una colección de varios documentos. De hecho, incluso en la época de Jesús, no había un solo Antiguo Testamento compuesto singular disponible para los judíos. Sólo había varios libros y cronologías. Esto se demuestra en los 38 pergaminos de los 19 libros del Antiguo Testamento encontrados en Qumran, Israel, entre 1947 y 1951.

Las plagas

Una posibilidad ofrecida por el Dr. John Marr y Curtis Malloy con respecto a la explicación científica de algunas de las diez plagas, es que el cambio del color del río Nilo de azul a rojo se debió a:

1. Un alga llamada Pfiesteria, causando la decoloración roja y matando a los peces (Sangre).

2. La población de ranas aumentó porque los peces dejaron de comer los huevos puestos por las ranas (Sapos)

3. Las ranas abandonaron el río y murieron en la tierra.

4. Insectos pululaban y se alimentaban de las ranas muertas (Langostas)

Leon Bibi

ALGAS ROJAS PFIESTERIA EN EL RÍO NILO

Sodoma y Gomorra

Siempre me pregunté qué le sucedió exactamente a la esposa de Lot cuando ella se dio la vuelta durante la destrucción de Sodoma y Gomorra y se convirtió en una "columna de sal". ¿Por qué un "pilar de sal"? ¿Por qué no murió simplemente? Génesis afirma que el "fuego sulfuroso" bajó del cielo y que el Señor "lanzó un rayo sobre la ciudad y la incendió con sus habitantes". Según R.A. Boulay en "Serpientes y Dragones" -

"En la Hagadá, este rayo proviene de la Shekinah, que había descendido para destruir la ciudad" y "Se advirtió a Lot y su familia que no miraran detrás de ellos para no ser cegados por el estallido de la explosión, probablemente nuclear en la naturaleza ".

Ahora, ¿por qué decir que la esposa de Lot no debería mirar detrás de ella? ¿Por qué no decir simplemente que Sodoma y Gomorra fueron pulverizadas por una explosión gigantesca administrada por Dios? Aquí existen palabras clave que deben ser discutidas: "ciego" y "pilar de la sal". Cegado porque la explosión fue tan intensa que dañó la retina, y "pilar de sal" es en realidad una palabra hebrea que significa "pilar de gas" o vaporizado. Ella fue vaporizada por una explosión nuclear. ¿No tiene sentido? La explosión fue tan intensa que en realidad creó el Mar Muerto. El Mar Muerto está "muerto" porque la explosión nuclear destruyó todo lo que vivía en él.

SODOMA Y GOMORRA

Levitación

"Si quieres encontrar los secretos del universo, piensa en términos de energía, frecuencia y vibración". - Nikola Tesla

En "Dioses del Edén", Andrew Collins analiza un caso interesante de un médico sueco llamado solo "Jarl", que en la década de 1920 o 1930 (fecha no especificada) visitó un monasterio en Lhasa, Tíbet. Aquí fue testigo de un acontecimiento increíble. Este evento puede ser la clave de cómo las pirámides y otros monolitos construidos con piedras pesadas se construyeron con tanta facilidad y sofisticación.

El objetivo de los monjes era levantar bloques de piedra hasta 250 metros por encima de la pared de una montaña para insertarlos junto a una cueva en el acantilado. La configuración fue la siguiente:

1. 200 monjes

2. 13 tambores

3. 6 trompetas

Cada instrumento se colocó a 5 grados de separación para formar el ángulo de un arco de 90 grados (similar a una forma de pastel). 10 monjes estaban detrás de cada instrumento. Un monje en el centro de la "tarta" canta en voz baja y monótona, y golpea el tambor con una mano.

Luego siguieron las trompetas y otros tambores. Nadie habló más que el monje en el medio. Después de cuatro minutos, ¡el bloque de piedra comenzó a tambalearse! Luego se elevó en el aire y se balanceó de lado a lado. Cuando las trompetas y los tambores se inclinaron, la roca se elevó hacia arriba. Subió más y más alto, hasta que llegó a la cima del acantilado. ¡Absolutamente increíble! Jarl estaba aturdido. Una analogía para este proceso sería la cantante de ópera que puede romper vidrio con su voz. Sus cuerdas vocales producen un sonido que "exagera la frecuencia vibratoria inherente del vidrio. Esto tiene el efecto de hacer que oscile o se agite tan violentamente, que eventualmente se desintegra ".- Gods of Eden - Collins

John Ernst Worrell Keely (1827-1898), un estadounidense de Filadelfia, puede que sea el maestro en desbloquear los mecanismos de la levitación del sonido. Entre 1880 y 1892, Keely ideó un sistema con 4 componentes clave:

1. Liberador: el ingrediente "maestro" que operaba los otros 3 componentes. Keely golpearía esto primero, luego lo afinaría

2. Resonador- tenía una brújula que giraba

3. Nota musical: una trompeta armónica que Keely tocó durante 2 minutos

4. Cable de Conexión: conectado al "globo" que giraría

Keely luego suspendió esferas de 2 libras sobre el agua. (Nota del autor: ¿era así como Jesús supuestamente caminaba sobre el agua?). El concepto era que la "vibración simpática" podía desintegrar el cuarzo y otras rocas duras. Keely también usaba gongs, cuernos, armónicas y violines.

¿Se usó el infame "cuerno de carnero" o "shofar" de los israelitas durante sus movimientos en todo el Medio Oriente con el mismo propósito? ¿Como arma contra sus enemigos?

Durante la infame extracción de Anunnaki en Sudáfrica, Enki combinó los siguientes 8 metales preciosos: rutenio, rodio, paladio, plata, osmio, iridio, platino y oro para crear un grupo de elementos en transición. Sabía que al combinar estos elementos, en un estado monoatómico de baja energía, se convertirían en superconductores y crearían la levitación.

Leon Bibi

LEVITACIÓN

CAPÍTULO 2

MAQUINARIA

ANCESTRAL

LAS PIRÁMIDES

Lo crea o no, hay 600 pirámides todas con la forma de pi en la Tierra. ¡Incluso hay 2 bajo el agua cerca de Japón y Cuba, construidas hace 12,000 años!

Cada egiptólogo sobre el que leerá o verá en la televisión, le dirá que las pirámides se construyeron como tumbas para los faraones. Citarán a todos los faraones que han gobernado Egipto durante milenios, y todas las razones por las cuales cada faraón fue enterrado en una pirámide particular en una ciudad en particular. Pero aquí está la trampa: ¡no pueden probarlo!

¿Dónde están las momias que supuestamente fueron enterradas en estas pirámides? Sí, han descubierto momias - Tutankamon, etc. Pero no fueron enterradas en pirámides. Fueron enterradas en tumbas a gran profundidad. Entonces, ¿por qué se construyeron las pirámides, entonces? ¿Por qué gastar tanto tiempo y esfuerzo (masivo) para construir estos monolitos colosales? Tiene que haber una mejor respuesta.

¿Por qué los antiguos egipcios estaban obsesionados con la precesión de los equinoccios? ¿Fue esto solo para que pudieran predecir los patrones climáticos con el fin de cultivar sus cultivos en el momento adecuado? ¿Por qué hacer ejes que van desde las cámaras del Rey y la Reina hacia el exterior? ¿Por qué fue Rudolf Gantenbrink, quien desarrolló un robot que ascendió el eje sur de la cámara de la Reina para encontrar una puerta equipada con dos accesorios de cobre, despedido la semana después de su descubrimiento? Uno podría pensar que tal descubrimiento sería motivo de celebración y una mayor exploración de esta puerta, y especialmente del propósito de los accesorios de cobre. ¿Por qué el cobre? ¿Dónde está la piedra angular (parte triangular superior) hoy? ¿Era originalmente un cristal gigante completamente funcional de la pirámide de Giza que podía distribuir energía? ¿Como un prisma?

Leon Bibi

LA GRAN PIRÁMIDE DEL GIZA

Cinco razones por las cuales las pirámides no pudieron haber sido construidas hace 5.000 años por los humanos:

1. La escala de construcción fue colosal

2. Los materiales de construcción (piedra caliza y granito) son los materiales más pesados y difíciles de manipular y moldear, y no existían herramientas de corte para granito en el año 2000 aC. Las herramientas de cobre que se encontraron cerca del sitio de la Gran Pirámide fueron, y son, incapaces de cortar granito

3. La precisión de las pirámides con ecuaciones matemáticas exactas no existía hace 5.000 años

4. Hay marcas de máquinas herramienta que no existían hace 5.000 años

5. La base de la Gran pirámide, después de haber sido inspeccionada con instrumentos modernos, se encontró que estaba exactamente al nivel de ⅞ pulgadas

Este cuarto punto es el golpe mortal para los egiptólogos que continúan repitiendo la retórica vieja, cansada y sin sentido que detalla a los esclavos judíos que trabajan para construir las pirámides.

Yendo un poco más lejos, el autor Brad Olsen cita lo siguiente:

"La Gran Pirámide es la más fascinante de todas las pirámides del mundo, ubicada exactamente en el centro de todas las masas terrestres de la Tierra. Dichas configuraciones globales precisas solo podrían observarse desde una perspectiva aérea sobre la Tierra, o desde el espacio exterior. La relación entre la altura de la Gran Pirámide y su perímetro, es la misma que la relación entre la Tierra y su circunferencia. Las medidas exactas y el hecho de que hay puertas dentro de los ejes de aire, sugieren una función similar a una máquina. El trazado de los cálculos matemáticos del centro geodésico de los continentes de la Tierra no se pudo hacer de ninguna otra manera, excepto con la utilización de aviones o naves espaciales avanzadas. "- Olsen - Esotérico moderno - página 170

Otro punto que debe abordarse, es que las nuevas pirámides construidas durante la Cuarta Dinastía, aproximadamente 100 de ellas, se encuentran ahora en un estado de deterioro. Debe preguntarse lo siguiente: si, de hecho, las pirámides más antiguas (Giza) se construyeron hace 5.000 años y antes de las pirámides de la Cuarta Dinastía, ¿por qué se construirían con una construcción inferior a la estándar? ¿Por qué los egipcios no volverían a usar sus técnicas supuestamente milagrosas? No tiene sentido. Creo que las pirámides de Giza se construyeron con la ayuda directa de los Anunnaki, utilizando sierras mecánicas y taladros, y que las pirámides posteriores de la Cuarta Dinastía fueron intentos de los humanos de copiar las pirámides sin ayuda.

Se cortaron dos millones de metros cúbicos (setenta millones de pies cúbicos) de piedra caliza para construir la Gran Pirámide. ¡Se cortaron más piedras construyendo las pirámides de Giza que las que se usaron en todos los edificios durante 1500 años desde 1550 aC a 30 aC!

Ejemplos de posicionamiento de la construcción de pirámides, en toda la Tierra, infieren que los constructores *tuvieron que* construirlos en ciertos lugares que se pueden ver en la Segunda Pirámide (de Khafra). La meseta había sido inclinada y necesitaba ser nivelada. Los constructores tuvieron que crear escalones en las rocas y elevarse para crear la parte inferior de la pendiente. Los constructores podrían haber construido la Segunda Pirámide a unos cientos de metros de distancia de esta posición que, de hecho, tenía un nivel nivelado... pero no eligieron ese lugar. Si el constructor hubiera deseado la facilidad de la producción, no habrían construido la Segunda Pirámide en el lugar donde se encuentra hoy.

¡Chris Dunn (discutido más adelante) sugiere que los constructores usaron taladros de alta potencia que giraron 500 veces más rápido que los taladros aburridos modernos con puntas de diamante! Dunn propone que usaron "ejercicios ultrasónicos que usan el sonido para hacer que la broca vibre a una tasa enormemente alta" - "The Stargate Conspiracy" - Picknett y Prince

Los autores Picknett y Prince también señalan que la CIA se involucró mucho con el autor Robert Temple después de que se publicara su libro "El misterio de Sirius" en 1976. Lo hostigaron constantemente, investigándolo sobre la forma en que recibió la información que publicó. ¿Por qué? ¡El templo afirma que fue hostigado durante 15 años! Descubrió que el MI5 le llevó a cabo controles de seguridad, y que los Servicios de Seguridad británicos encargaron un informe sobre el libro. También fue contactado por el masón estadounidense Charles E. Webber, quien le pidió que se uniera a los masones para convertirse en un "masón del grado 33", el rango más alto en la masonería. Webber le dijo:

"Estamos muy interesados en su libro "El misterio de Sirius". Sabemos que ha escrito esto sin ningún conocimiento de las tradiciones de la Masonería, y puede que no lo sepa, pero ha hecho algunos descubrimientos que se relacionan con las tradiciones más centrales en un alto nivel, incluidas algunas cosas que ninguno de nosotros nunca supimos"-" La conspiración de Stargate"- Picknett y Prince

Bajo la Esfinge, el radar ha detectado 9 cámaras ocultas de origen artificial. Todavía se ha de tocar. ¿Podría ser este el "Salón de los Registros" que revela nuestra verdadera identidad?

PATAS DE LA ESFINGE ¿REPRESENTA ESTA
PIEDRA EL TÚNEL OCULTO QUE CONDUCE AL
"LIBRO DEL CONOCIMIENTO"?

Leon Bibi

Evidencia de mecanizado - en la Cámara del Rey - en el sarcófago de granito rojo, hay marcas de sierra, horizontales y verticales. Existe evidencia de que las marcas de sierra se iniciaron incorrectamente, y luego se reiniciaron para corregir los cortes. Se había retirado, reposicionado, y luego reiniciado de nuevo. Además, ¡la superficie fue pulida para ocultar el error! ¡ES UNA INCREÍBLE EVIDENCIA de que los Anunnaki usaron sierras de aproximadamente 9 PIES LARGOS para cortar el granito duro y dar forma al sarcófago! Cometieron dos errores y comenzaron de nuevo. Los cuchillos de bronce que se encontraron en el año 2500 aC NUNCA podrían haber logrado lo que estas sierras lograron.

Ahora, los humanos podrían haber usado abrasivos a base de arena para cortar alabastro y piedra caliza, pero no rocas ígneas duras como basalto oscuro, granito rojo y diorita negra. ¡Imposible!

Las sierras utilizadas fueron probablemente hechas de bronce con dientes con punta de diamante. Esta es la única sustancia que podría haber cortado limpiamente a través de esta roca ígnea.

También se usaron taladros y tornos, y existe amplia evidencia de su uso.

Estas herramientas no podrían haber sido utilizadas por los humanos en ese momento.

Sir William Matthew Flinders Petrie (1853-1942), un egiptólogo inglés, resumió el proceso de perforación de la siguiente manera: (tomado de "Gods of Eden", Andrew Collins):

1. Los núcleos de granito producidos por la perforación tubular parecían estrecharse hacia la parte superior, es decir, en el punto donde la broca entró en la piedra, mientras que la pared circular del pozo siempre parecía ser más ancha en la parte superior

2. La pieza de perforación enjoyada dejó ranuras perfectas que se arremolinaban alrededor de la circunferencia para formar una espiral regular y simétrica sin ondulaciones ni interrupciones; en un caso, se puede trazar un surco, casi sin interrupción, durante cuatro vueltas.

3. Los surcos (en espiral) son tan profundos en el cuarzo como en el feldespato adyacente, e incluso más profundos

Christopher Dunn, un ingeniero de herramientas estadounidense por excelencia, que ha escrito extensamente sobre el mecanizado de herramientas en Egipto, expresó que los trabajadores de la máquina eran "capaces de cortar su granito con una velocidad de alimentación" ¡500 veces mayor "de lo que podemos producir hoy! ¿Se puede creer esto? ¿Que los constructores de pirámides de hace 4500 años podrían cortar granito a una velocidad 500 veces mayor que la que tenemos hoy? ¿Qué más evidencia se necesita para probar que los constructores avanzados de Anunnaki con sierras enormes cortan y dan forma a las pirámides? Utilizaron un proceso conocido hoy en día como "perforación ultrasónica", lo que significa que utilizaron un sonido inaudible de tono agudo para hacer que la broca vibre a velocidades increíblemente altas.

John Anthony-West discutió el impulso de la civilización extrema en Egipto con lo siguiente:

"¿Cómo surge una civilización compleja en su totalidad? Mire un automóvil de 1905 y compárelo con uno moderno. No hay error en el proceso de "desarrollo". Pero en Egipto no hay paralelos. Todo está ahí al principio." Es más bien como si el primer automóvil fuera un moderno Rolls-Royce." - Colin Wilson -" De la Atlántida a la Esfinge "(pág. 17)

¿Por qué fue tan importante la estrella Sirius durante la construcción de las pirámides? Se levantó al amanecer a principios del Año Nuevo egipcio cuando el Nilo comenzó a elevarse.

Robert Bauval, un autor de gran éxito de ventas en egiptología, tiene un concepto interesante basado en su fecha de 10,450 a.c., siendo la alineación exacta de las 3 pirámides con el Cinturón de Orión, que puede coincidir con la caída de la Atlántida. Puede haber sido un "renacimiento" después de la destrucción de la Atlántida (que creo que tuvo lugar en la Antártida).

Otra conexión entre Egipto y Atlantis, reside en los grandes barcos que se encuentran enterrados en Egipto. Es un misterio por qué los egipcios construirían un barco de 143 pies para navegar en el Nilo. Parece demasiado grande ¡John Anthony-West y Schwaller de Lubicz (otro egiptólogo original y creativo) creen que los barcos eran únicamente objetos rituales destinados a glorificar a los atlantes que llegaron a Egipto después de la destrucción de la Atlántida en barcos!

Madame Blavatsky, una eminente psíquica y autora de finales del siglo XIX, escribió que los humanos actuales viven en lo que ella llama la "Quinta Raza Raíz". Ella afirma que la Cuarta Raza Raíz fue la de los Atlantes en la Antártida, la Tercera fueron los Lemurianos en Australia, la Segunda en el continente de Mu, pero no menciona quién fue la Primera Raza Raíz. Creo que fue la descendencia Anunnaki original en África - Adamu. Entonces, seríamos efectivamente la quinta generación de descendientes homo sapiens de los híbridos originales.

Otro punto interesante con respecto a la ingeniería piramidal, es que el interior de la Pirámide del Sol contiene una capa de mica. ¿Por qué mica? No solo contiene esta capa de mica, la mica está muy lejos. Discutimos el hecho de que muchos materiales de construcción para las 3 pirámides vinieron de cientos de millas por el río Nilo, sin embargo, esta mica vino de miles de millas de distancia, ¡esta vez de Brasil! ¿Por qué harían esto? - Según Colin Wilson en "De la Atlántida a la Esfinge".

"(Y) ¿cómo se transportaron las láminas de mica de 90 pies? Además, ¿por qué se colocó debajo del piso? ¿Para qué sirvió allí? Graham Hancock señala que la mica se usa como aislante en los condensadores, y que se puede usar para frenar las reacciones nucleares... "(pág. 129)

¡Qué interesante! Todo esto se remonta a mi creencia original de que las pirámides se utilizaron de hecho como una torre de energía. Tiene sentido. Si las pirámides se usaron como tumbas para los reyes muertos, ¿por qué usar láminas de mica de 90 pies desde dos mil millas de distancia en Brasil? ¿Para decoración? No tiene sentido.

¿Podría ser posible que la Esfinge se construyera primero en 10.500 a.C, el año en que Orión alcanzaría su punto más bajo en el cielo, y luego las pirámides se construyeron

8.000 años después, en 2.500 a.C, cuando comenzó una "nueva era"?

¿Podría ser posible que haya un túnel secreto, de 700 metros de largo, debajo de la Esfinge, que conduce a la Gran Pirámide? Aparentemente, solo a la Autoridad de Antigüedades de Egipto se le permite cavar debajo de la Esfinge y puede que ya lo haya hecho. No tenemos información sobre lo que están haciendo o lo que han encontrado hasta ahora. El famoso psíquico Edgar Cayce dijo que había una habitación secreta debajo de las patas traseras de la Esfinge.

Hay pruebas de que las pirámides estuvieron una vez, muy cerca de un cuerpo de agua. Hay un esqueleto de ballena fosilizado completo de la época del Eoceno, encontrado cerca de Fayum. Este espécimen de 50 pies apodado "Basilosaurus Isis", vivió hace 50-30 millones de años. ¡Tenía piernas! ¡Articulaciones de la rodilla, pies y dedos! Fue apodada la "ballena andante".

Hace más de 100 años, se encontraron marcas de herramientas de perforación de gran potencia utilizadas en la meseta de Giza. También se descubrieron marcas de sierra eléctrica cortando granito. ¡Incluso se encontraron errores! (ver foto). Es ridículo que un supuesto egiptólogo y director de Ancient Egypt Research Associates (AERA), el Dr. Mark Lehner, haya dicho:

"Hola, amigos, estos no eran láseres. Estos fueron cinceles y martillos."

¿Cómo puede ser considerado un experto, cuando ni siquiera puede ser honesto? Es IMPOSIBLE producir un agujero con cinceles y martillos. Le pediría al Dr. Lehner que lo demuestre en la televisión nacional con cualquier albañil que elija.

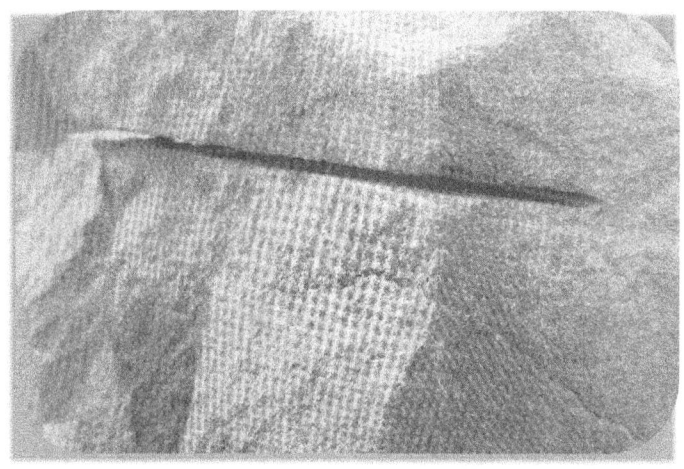

MARCA DE SIERRA CIRCULAR PROFUNDA

Dunn vs. Cadman

Christopher Dunn es un autor e ingeniero con más de 35 años de experiencia en ingeniería eléctrica y mecánica. En 1969 trabajó para una empresa aeroespacial como maquinista y fabricante de herramientas. Se desempeñó como ingeniero de proyectos y gerente de operaciones láser en Danville Metal Stamping, una fábrica aeroespacial del Medio Oeste. Ha escrito varios libros sobre egiptología, específicamente sobre las pirámides de Giza.

John Cadman es un ingeniero que proviene del Pacífico Noroeste. Es el principal responsable del desarrollo de la teoría de que las pirámides de Giza sirvieron como un generador de pulso hidráulico. Él ha construido modelos a gran escala de la sección inferior de la pirámide de Giza, intentando probar sus teorías.

Ingeniero	Propósito Primario	Químicos Utilizados	Combustibles Creados	Cámaras Utilizadas	Evidencia Restante
Dunn	Electricidad	Ácido clorhídrico, zinc hidrógeno de Ca	Sonido Hidrógeno	Reyes, Reinas	Residuos de Yeso
Cadman	Bombas de Agua	Catalizador		¿Pozo?	Sal, Acero, Oro

El autor Spencer Cross, discute un proceso interesante que él pudo haber realizado, utilizando los siguientes materiales que se encuentran en uno de los ejes que conducen a la Cámara de Queens.

• Pequeño gancho de bronce

• Pieza de madera

• Bola de piedra

Muchos de ustedes pueden haber visto un segmento fascinante en The History Channel con respecto a la Gran Pirámide, cuando Rudolph Gantenbrink guió a un robot en miniatura en 1993 hasta un pozo cuadrado de 9 ejes cuadrado, que conduce a la Cámara de la Reina. En el segmento, el robot fue detenido por un bloque (o lo que parecía una puerta) hecho de piedra caliza con dos "accesorios de cobre misteriosos que sobresalán a través de él". Aquí está la cita de Spencer Cross -

"Mientras estaba viendo el video de la exploración con mi amigo Jeff Summers, él comentó sin rodeos que la conexión parecía tener electrodos. Su observación tenía sentido para mí. Para entregar una medida precisa de la solución clorhídrica (ver la teoría de Dunn en la tabla) a la cámara de reacción, se debe mantener una cierta presión de cabeza. La presión de la cabeza está determinada por el volumen de fluido en el canal que determina el peso de la columna de productos químicos. Los accesorios de cobre habrían servido como un interruptor para señalar la necesidad de más productos químicos. Flotar en la superficie del fluido habría sido otra parte de este interruptor: la madera de cedro se unió con el gancho de bronce. Este conjunto subiría y caería con el fluido en el canal. Con el canal lleno, las puntas de bronce habrían hecho contacto con los electrodos, creando un circuito, y al caer el fluido en el canal, las puntas se alejarán de los electrodos, rompiendo así el contacto y actuando como un interruptor para señalar el bombeo de más solución química en el canal, hasta que el gancho de bronce haga contacto nuevamente con los electrodos. Como la velocidad de suministro a la cámara de reacción fue leve, una pequeña abertura fue todo lo que se necesitó para mantener el suministro de productos químicos."

Spencer L Cross - "La gran pirámide: una fábrica para el oro monoatómico" (Pg.120)

¡Qué gran análisis! Para todos aquellos que apenas aprobaron química como yo, este análisis tiene sentido. Léalo de nuevo... despacio. Es maravilloso. Así que, ahora les vuelvo a preguntar a todos los escépticos: si esta hipótesis es cierta (o al menos parte de ella), ¿es posible que los esclavos judíos la hayan construido de manera remota?

Cadman

Cadman creía que la función principal de la Gran Pirámide era actuar como una bomba. En resumen, el proceso tiene 9 pasos como sigue:

1. La sal se transporta en el carrito y se baja por el sistema de poleas al ÁREA DE PIT.

2. Se vierte agua dulce en el PIT y se disuelve la sal.

3. El SISTEMA DE BOMBA está activado.

4. Se activan las válvulas que transportan el agua salada hacia el eje sur de la Cámara Kings.

5. Luego se libera en el "muro" de la Cámara de los Reyes, y "se filtra en él".

6. La batería de Bagdad se despliega para activar la electrólisis.

7. Los ejes se electrolizarían (chapados en oro).

8. La sal se convertiría luego en hidróxido de sodio, luego en gas de cloro.

9. El gas de cloro se desvía a la cámara de Queens y se convierte en ácido clorhídrico, lo que deja lo siguiente:

LA CAMARA DEL REY - hidróxido de sodio

LA CÁMARA DE LA REINA - Ácido clorhídrico

EL POZO - inicialmente está limpio, pero luego se usa para mezclar el ácido clorhídrico con agua salada y oro, para convertirlo en peróxido de hidrógeno. El ácido clorhídrico y el peróxido de hidrógeno se mezclan con (nada más que) oro para producir una solución de tipo miel, que se mezcla con hidróxido de sodio para convertirse en una solución rojiza. Los colores luego se transforman a través de oscilaciones salvajes en su pH para, eventualmente, convertirse en una TORTA BLANCA. ¡LA TORTA BLANCA es lo que la Biblia denomina "MANÁ" que debe consumirse! ¿Recuerdas que los judíos querían ir a la tierra de "leche y miel"? Bueno, la "miel" está representada por la solución de tipo miel que se hace en EL POZO.

EL MANÁ - es esencialmente "oro monoatómico". ¿No es interesante que los judíos, según el Antiguo Testamento, hayan sobrevivido "cuarenta años" solo con el maná? ¿Puede ser esto una forma comestible de oro? Parece un tiempo terrible, cuarenta años, para comer oro monoatómico...

En resumen, Dunn creía que el propósito de la Pirámide era el de una planta de energía eléctrica con hidrógeno, que utilizara las cámaras Kings y Queens. Mientras que, la creencia de Cadman, era que existía como una bomba de agua, o una bomba vertical, utilizando un área en la pirámide llamada "El Pozo". El problema con la teoría de Cadman, es que no explica el residuo que queda en la pirámide.

Leon Bibi

Spencer Cross lo describe maravillosamente en "La Gran Pirámide - una fábrica de oro monoatómico" - Dunn "identifica cómo se usó el ácido clorhídrico y algunos productos químicos correspondientes para crear combustible de hidrógeno, que los egipcios u otra civilización consumieron en ese momento estaba en funcionamiento". Mientras que Cadman afirma que la "Gran Pirámide fue diseñada como una bomba de agua que tenía la capacidad de forzar el agua verticalmente".

Egipcios restaurados, no construyeron las pirámides. Christopher Dunn, un verdadero egiptólogo e ingeniero eléctrico experto, ha especulado que se produjo una explosión de hidrógeno en la Gran Galería. Jerret Gardner explica en "Lo Que Los Egiptólogos No Quieren Que Veas":

"El hidrógeno que él cree fue producido en la Cámara de la Reina. Los ejes discontinuos (él cree) se usaron para dispensar soluciones diluidas de ácido clorhídrico y cloruro de zinc en la cámara. Cuando estos químicos se mezclan, crean gas de hidrógeno. Sin embargo, hay un subproducto de sal. Estas mutaciones internas de la pirámide son signos definidos de una ruptura destructiva, pero ¿qué hay de una posible fusión? Es poco probable que se tengan en cuenta que los únicos métodos de producción de energía propuestos son electromagnéticos, solares, conversión cinética e hidrógeno. Los derrumbes son un término dado únicamente para describir el severo sobrecalentamiento de un núcleo de reactor nuclear.

"Sin embargo, el Anillo de Fuego podría haber causado un resultado similar al de una fusión. Es un río que fluye de lava fundida que corre por debajo de la corteza terrestre. Su trayectoria se puede rastrear en todo el mundo y pasa a correr bajo el norte de Egipto".

"Las fisuras parecen ser los puntos donde el calor intenso salía, fundía la roca mientras viajaba y se desplegaba, y luego se endurecía en los gruesos ríos estáticos negros y rojos que vemos hoy".

Se ha descubierto un complejo subterráneo secreto de túneles hecho por el hombre, en un área llamada "NC2", o el "Acantilado Norte 2". Se encuentra en el extremo noroeste de la meseta de Giza. En el interior hay excavaciones secretas del subsuelo que nunca se han revelado al público.

La palabra "pirámide" en árabe significa "edad" o "tamaño final".

Las pirámides fueron construidas por uno de los hijos de Enki, Thoth, justo después de la gran inundación de 11.500 AC. Gibil, otro de los hijos de Enki, "instaló cristales pulsantes y una piedra angular de 32 pies (faltando hoy - puedes ver donde se ha reemplazado la parte superior) hecha de electro, para reflejar un rayo de luz en el espacio para las naves espaciales entrantes" (Rey) . El rostro de la Esfinge es originalmente el de Thoth, pero fue reemplazado por Marduk, el villano hijo de Enki, al de su hijo llamado Ansar. Es la cara de Ansar que existe hoy en la Esfinge.

La evidencia de la fecha de las pirámides que se construyeron en 11.500 a.C, incluye cientos de miles de fósiles marinos y conchas marinas incrustadas en las

Leon Bibi

paredes de las pirámides y los monumentos circundantes.
Joseph Jochmans explica que a los geólogos "les cuesta
mucho explicar por qué existía una capa de sedimento de
sal de 14 pies alrededor de la base de la pirámide, una capa
que también contenía muchas conchas marinas y el fósil
de una vaca marina, todos fechados por métodos de
radiocarbono a 11,600 AP (antes del presente), más o
menos hace 300 años." Haze - "Extranjeros en el antiguo
Egipto" pág. 18

Piramides como maquinas

Las placas tectónicas demuestran que el desplazamiento de las placas de la tierra causa energía sísmica. El metal fundido cargado que circula en el núcleo, produce una corriente eléctrica que genera un campo magnético. Este campo magnético corre a lo largo de líneas de cuadrícula geométricas que pueden ser aprovechadas. ¡Imagínese si genios como Nikola Tesla hubieran sabido esto y hubiesen podido aprovechar esta energía y usarla para dirigir la energía inalámbrica!

Entonces, ¿actúan las pirámides como receptores de la energía que ya emite de las líneas de la red terrestre?

Dunn lo pone muy bien -

"La Gran Pirámide fue una planta de energía geomecánica que respondió con simpatía a las vibraciones de la Tierra y convirtió esa energía en electricidad. Usaron la electricidad para alimentar su civilización, que incluía herramientas con las que formaban rocas ígneas duras. "- (Dunn - The Giza Power Plant)

La tierra también emite un pulso, o un sonido, generado por ondas de reacciones mecánicas, térmicas, eléctricas, magnéticas, nucleares y químicas. El sonido también es generado por materiales piezoeléctricos como el cuarzo, que se encuentra en Giza. Es interesante notar que, basado en un estudio de la cámara del Rey encabezado por Tom Danley, un consultor de la NASA e ingeniero acústico, la nota que resuena es una F aguda.

Existen interesantes y misteriosos cuencos grandes de cristal incrustados en la arena junto a las pirámides. ¿Cuál es su propósito? Cristales de cuarzo y un suelo de cuarzo conforman su cuenca. Sabemos por mi libro anterior, "Adam = Alien", que el cristal de cuarzo puede transportar señales eléctricas. Sabemos que las cámaras en las pirámides están sintonizadas armónicamente a una frecuencia específica o tono musical. También sabemos por "Adam = Alien", que es posible levitar objetos pesados con sonidos y frecuencias específicas. ¿Utilizaron los cuencos su contenido y forma de cuarzo para funcionar casi como una máquina? ¿Fueron utilizados en conducción con las "líneas ley" de la Tierra que son corrientes de energía que invisiblemente rodean a la Tierra? ¿Canalizó el cristal de cuarzo esta energía, creando campos de energía natural?

Sabiendo que las pirámides de Giza están hechas de un tipo de piedra caliza llamada dolomita, que tiene un alto contenido de magnesio, ¿es posible que tengamos un núcleo altamente conductor eléctrico envuelto en un aislante muy eficaz? Con la ayuda de los pasajes de granito, la pirámide podría volverse radioactiva e ionizar o electrificar el aire.

Hoy en día, los cristales de cuarzo se utilizan en radios de AM / FM, CD, DVD y procesadores de computadora. Las pirámides pueden haber actuado como máquinas que emitían señales de gran escala, que pueden ser capaces de llegar al espacio.

Se piensa que los cristales de transferencia sobre los que se ha escrito en las tabletas sumerias, trabajando dentro de las pirámides, funcionan como transmisores de señales enviadas a Nibiru desde la Tierra, y el oro ayudó a mejorar la transmisión.

ALIEN EN JEROGLÍFICO EGIPCIO REAL

Leon Bibi

EN EL INTERIOR DE LA GRAN PIRÁMIDE-
MÉNSULA DE TECHO EHANCED SONIDO DE
TRANSMISIÓN

Las pirámides como representación de la perfección humana.

En el libro "El templo en el hombre", el autor R.A. Schwaller de Lubicz describe el Templo de Luxor como una representación del cuerpo humano. Desde su disposición física, hasta sus propiedades espirituales. Schwaller de Lubicz pasó 15 años allí y trazó un mapa de cada centímetro cuadrado de la pirámide y los monolitos circundantes. Sugiere que los números no designaban simplemente cantidades, sino que "eran definiciones concretas de principios formativos energéticos de la naturaleza". Los egipcios llamaron a estos principios energéticos Neters, una palabra que se traduce convencionalmente como "dioses". Introduce la noción del "principio del cruce" para describir la multiplicación matemática. El símbolo que usamos hoy en la multiplicación (X). Por ejemplo, 2 X 1 = 2. El cruce de dos 1 es igual al número 2. Por lo tanto, "1" se refiere a un neter, y dos neters, representan el cruce de 1 – he ahí el símbolo X. Me parece interesante que la letra "X" sea, literalmente, el cruce de dos "I". Una I está inclinada a través de la otra I.

La unidad de lo masculino y lo femenino en la procreación, puede ser simbolizada por la "X", a fin de "multiplicarse" y crear más humanos. Si 1 neter representa un dios y la X representa dos neters combinados, entonces el número 2 representa la procreación del 1. Esto se combina debido a la energía creativa orgánica. Schwaller de Lubicz sugiere que la arquitectura del Templo de Luxor proporciona evidencia indiscutible de una directiva simbólica divina.

El patrón de la pirámide es irregular - de Lubicz encontró 1001 irregularidades. Al igual que Washington DC tiene patrones en su arquitectura para sugerir triángulos isósceles dibujados entre la Casa Blanca, la capital y el Congreso, el Templo de Luxor muestra triángulos isósceles entre el corazón, los pulmones y el cerebro de un cuerpo humano. Cada eje muestra un tema que conecta los órganos del cuerpo humano. Existe una orientación espacial e incluso ideológica en su trazado. Schwaller de Lubicz escribe:

"El contorno de un esqueleto humano, trazado según métodos antropométricos y hueso por hueso muy cuidadosamente construido, se superpuso al plan general del templo".

El número "3" también se representa como la "trinidad", o la combinación de tres "1". Es interesante que en la antigua China se consideraba que el número uno tenía un valor de tres. Parece que hay evidencia de que lo mismo se aplica al valor egipcio de uno. La "trinidad" egipcia no era un símbolo de 3 sino de 1. El hombre está compuesto de 3 seres: el ser sexual, el ser corporal, y el ser espiritual. Incluso la forma piramidal tiene 3 lados pero simboliza 1.

¿Por qué los egipcios dibujan figuras de lado en piedra? ¿Por qué no dibujan figuras directamente como aparecen en la vida real? ¿Por qué las piernas y los brazos están separados uno frente a otro, la mano derecha frente a la izquierda y el pie derecho frente a la izquierda? La respuesta es que los egipcios estaban sugiriendo movimiento o acción. La mano derecha da, mientras que la mano izquierda recibe. Las piernas están separadas indicando movimiento (a diferencia de las momias que tienen piernas juntas, lo que indica muerte o inercia). El significado era la vida contra la muerte.

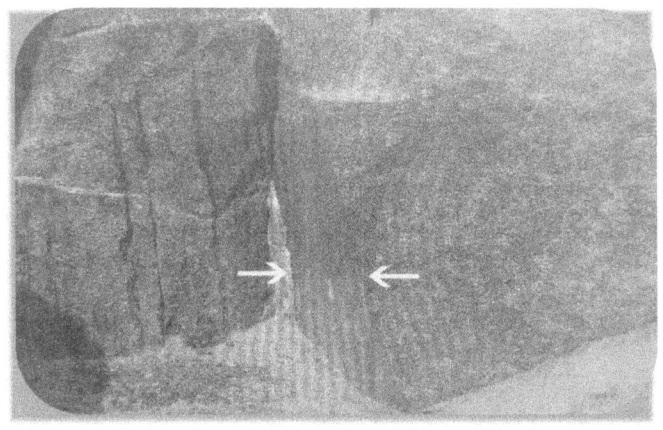

EVIDENCIA DE UN CORTE LISO EN GRANITO QUE PESA VARIAS TONELADAS. ESTE CORTE ES DEMASIADO LISO PARA LAS HERRAMIENTAS DE COBRE PARA CREAR

EVIDENCIA DE LA ONDA PERFECTA CORTADA
A TRAVÉS 9FT DE LA PIEDRA ARENISCA
PESADA. SÓLO UN LÁSER PERFECTO PODRÍA
HABER CREADO ESTO.

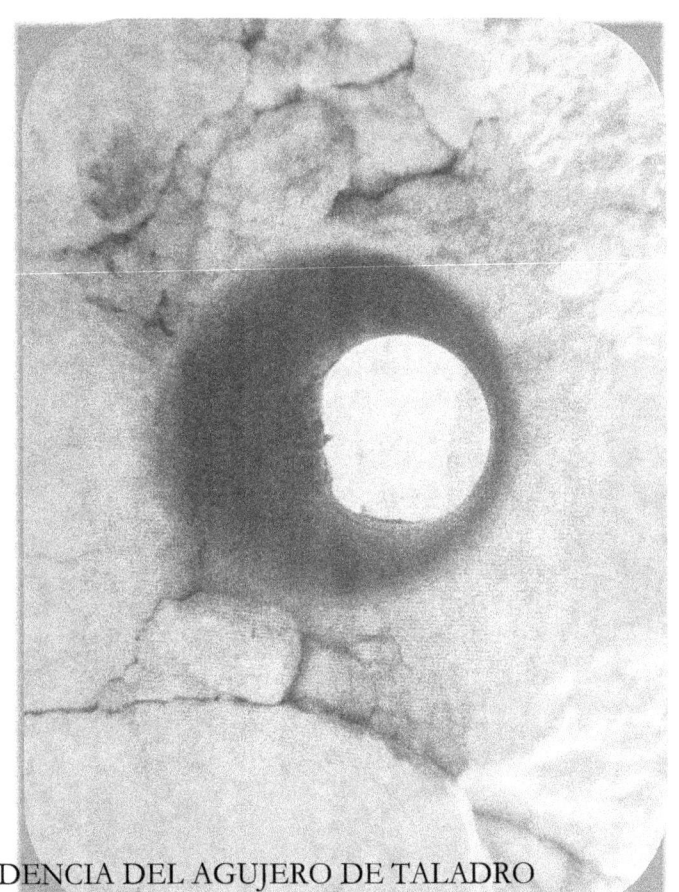

EVIDENCIA DEL AGUJERO DE TALADRO
CIRCULAR PERFECTO. IMPOSIBLE DE CREAR EN
1500 A.C.

Leon Bibi

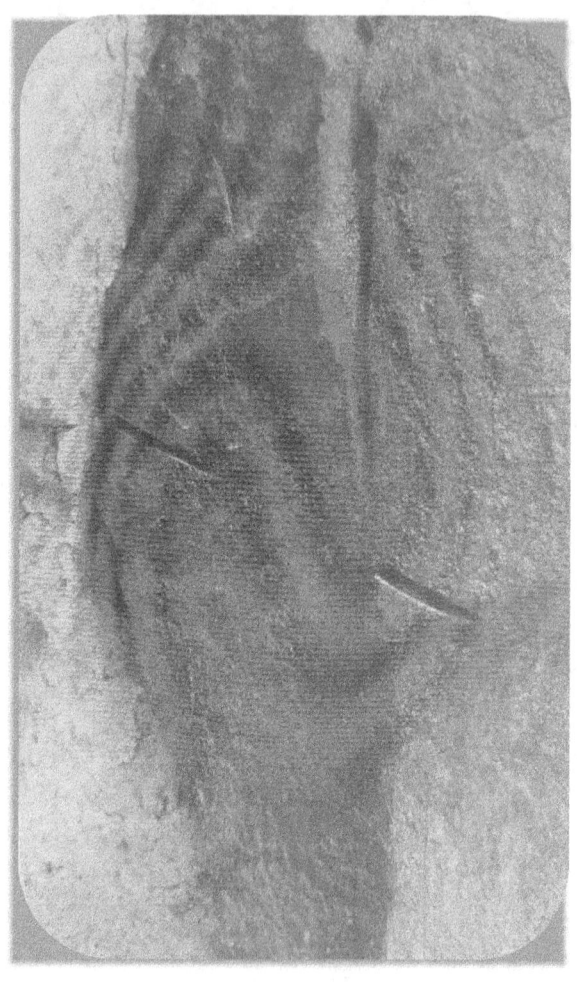

MARCAS DE CORTE DE UNA SIERRA CIRCULAR
MASIVA

Sonido

Dunn escribe en la central eléctrica de Giza:

"El granito del cual se construye la Cámara del Rey es una roca ígnea que contiene cristales de cuarzo y silicio. Este granito en particular, que fue traído de las canteras de Aswan, contiene un cincuenta y cinco por ciento o más de cristal de cuarzo "(Dunn - The Giza Power Plant)

Este cristal permite que una señal piezoeléctrica lo atraviese, lo que significa que la energía se puede transmitir a través de todo su cuerpo / longitud. El granito se prepara para convertir las vibraciones de la tierra y convertirlas en electricidad. Dunn continúa -

"(Los antiguos) habían determinado que necesitaban aprovechar las vibraciones de la Tierra sobre un área más grande dentro de la pirámide para enviar esa energía al centro de poder, la Cámara del Rey, lo que aumentaba sustancialmente la amplitud de las oscilaciones del granito… La Gran Pirámide puede verse como un gran instrumento musical con cada elemento diseñado para mejorar el rendimiento del otro... La Gran Galería, que se considera una obra maestra arquitectónica, es un espacio cerrado en el que se instalaron resonadores en las ranuras a lo largo del borde que corre a lo largo de la galería... Así, con la entrada de sonido y la maximización de la resonancia, todo el complejo de granito en efecto, se convirtió en una masa vibrante de energía". - (Dunn - The Giza Power Plant.)

Él respalda esto al afirmar que, los visitantes e investigadores por igual, han notado sonidos peculiares que retumban dentro de la pirámide. Cuando Napoleón Bonaparte viajó de Francia a Egipto, sus hombres dispararon pistolas en la parte superior de la Gran Galería y "notaron que la explosión reverberó en la distancia como un trueno rodante" (Dunn, pág. 161). Dunn, en realidad golpeó el cofre dentro de la Cámara del Rey y escuchó un sonido profundo, parecido a una campana. Usando un diapasón, pudo determinar que la nota era una "A", vibrando a 438 ciclos por segundo. Esta nota en realidad fue llevada desde la Gran Galería, a través del pasaje, y reverberó dentro de la Cámara del Rey.

Continúa describiendo el uso de 30,000 cuencos de piedra que se encuentran en cámaras debajo de la pirámide escalonada, algunos con asas, otros sin, y uno en particular que tiene un cuerno de piedra que se usa como lo que él describe como un resonador Helmholz. El resonador Helmholtz es un aparato moderno que responde a las vibraciones y maximiza la transferencia de energía desde la fuente de las vibraciones. Además, un ingeniero acústico confirmó que la Antecámara actúa como un filtro acústico de este sonido. ¿Puede ser que la Gran Pirámide haya actuado como una planta generadora de resonancia? ¡Notable! ¿Puede ser esto una coincidencia?

Dunn proporciona evidencia concluyente de que la Gran Pirámide genera hidrógeno. Ha encontrado residuos de cloruro de zinc hidratado y ácido clorhídrico diluido en la cámara de la Reina, que se utiliza químicamente para producir hidrógeno. La evidencia de la sal incrustada en las paredes de la Cámara de la Reina es una prueba de este proceso. La cámara también está diseñada para absorber líquidos en lugar de aire.

Él resume bellamente como sigue:

"...Apoye mi premisa de que la Gran Pirámide era una central eléctrica y que la Cámara del Rey es su centro de poder. Facilitados por el elemento que alimenta nuestro sol (hidrógeno) y uniendo la energía del universo con la de la Tierra, los antiguos egipcios convirtieron la energía vibratoria en energía de microondas. Para que la central eléctrica funcionara, los diseñadores y operadores tenían que inducir vibraciones en la Gran Pirámide que estaba en sintonía con las vibraciones armónicas resonantes de la Tierra. Una vez que la pirámide estaba vibrando a tono con el pulso de la Tierra, se convirtió en un oscilador acoplado y podía sostener la transferencia de energía de la Tierra con poca o ninguna respuesta". (Dunn - The Giza Power Plant)

Leon Bibi

FRAUDE DE LOS EGIPTÓLOGOS

Los egiptólogos te dirán que los faraones fueron enterrados dentro de las pirámides. Según Sitchin, solo hay un caso en el que un faraón momificado está enterrado dentro de una tumba. La instancia estaba dentro de la "pequeña pirámide" en Giza. Sitchin explica lo siguiente:

"En julio de 1837, un inglés llamado Howard Vyse, quien estaba excavando en el área, informó que había encontrado cerca de un sarcófago de piedra dentro de los fragmentos de esta pirámide, la cubierta de un estuche de momia con una inscripción real, junto con el parte de un esqueleto del nombre del rey. El nombre estaba escrito como MEN-KA-RA... se demostró que fue un fraude arqueológico. Los estudiosos de la época ya tenían algunas dudas sobre la edad del estuche de momias debido a su estilo. Y cuando, hace unas décadas, se desarrolló la datación por radio-carbono, se estableció sin lugar a dudas que la portada de la momia no pertenecía a la cuarta sino a la dinastía vigésima quinta, no a 2600 a.C sino a 700 a.C, y ni siquiera desde los tiempos pre-cristianos, pero desde los primeros siglos de la era cristiana. Alguien, en otras palabras, tomó un trozo de ataúd de madera encontrado en otro lugar, y un esqueleto de una tumba común, y los puso en un montón de escombros dentro de la Pequeña Pirámide y anunció: ¡Mira lo que encontré!

Sitchin continúa diciendo...

"Como yo lo veo, los Anunnaki, y no los faraones, construyeron las pirámides de Giza y excavaron la Esfinge, y no lo hicieron alrededor del 2600 a.c, sino alrededor del 9000 a.c. Pero eso no es lo que decían los egiptólogos.

De manera similar, encontramos fraude evidenciado en la Gran Pirámide. No hay inscripciones ni marcas en la Gran Pirámide, sin embargo, Howard Vyse una vez más entra en escena. Se encontraron tres inscripciones en pintura roja que deletrean el nombre "Khufu", o el faraón Cheops. Esto nos llevó a creer que Cheops fue el constructor de la Gran Pirámide. ¡Esto también fue un engaño! Sitchin pudo encontrar una copia de la copia en tela de la inscripción en el Museo Británico de Londres y la examinó. ¡Encontró que el asistente de Howard Vyse, el Sr. Hill, había pintado erróneamente el nombre "Raufu" en lugar de "Khufu"!

No hay evidencia para apoyar que las pirámides se usaron como tumbas, o que incluso fueron construidas por los egipcios. Prueba de la existencia de ovnis en textos y escritos de diferentes culturas:

1. OVNIs egipcios - discos alados - Ojo de Horus

2. Hebreo - Ezequiel, Enoc y Elías - viajes a bordo de carros voladores

3. Hindú - vimanas voladoras

4. Persia - disco de sol volador

5. Ezequiel y Moisés: zarza ardiente, o una rueda dentro de una rueda

Olsen discute la imposibilidad de que los humanos creen las pirámides solos -

"...Los cuatro pozos de aire de la Gran Pirámide apuntan precisamente a las estrellas clave de Orión, Sirius, Thuban y Polaris, tal como se ven desde el marco temporal del Imperio Osirius. La alineación de las pirámides de Giza en el suelo coincide perfectamente con la alineación de la constelación de Orión como se ve en el cielo desde Giza, en relación con el río Nilo, como la representación terrenal de la galaxia de la Vía Láctea en el cielo nocturno. La ubicación en el suelo de estas estructuras tiene un significado geodésico o astronómico en relación con las estrellas en nuestra región galáctica. La configuración de las tres pirámides principales en la meseta de Giza pretendía crear una imagen de espejo en la Tierra de nuestro sistema solar con ciertas constelaciones claves". - Olsen - Past Esotérico - página 170.

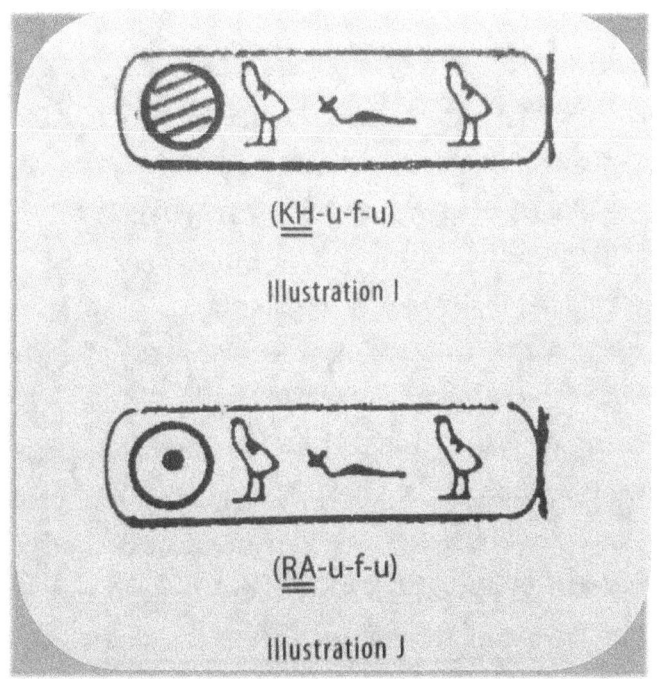

(KH-u-f-u)

Illustration I

(RA-u-f-u)

Illustration J

BROMA DE CHEOPS-ESTO ERA LO QUE EL SR.
COLINA PINTÓ EN LA GRAN PIRÁMIDE-RAUFU
EN VEZ DE KHUFU

Leon Bibi

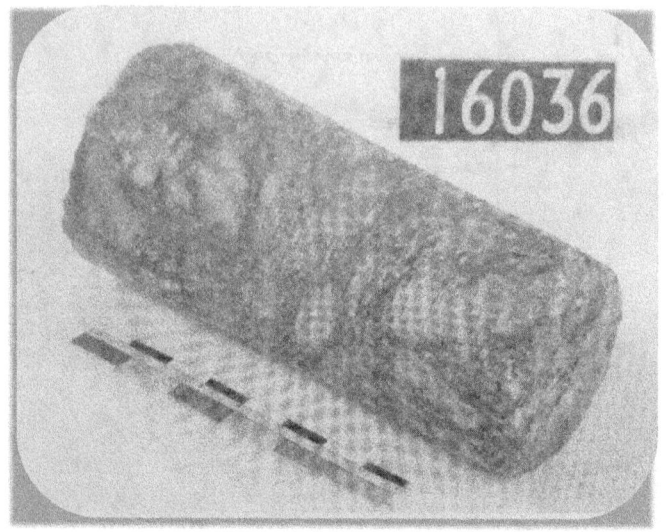

EVIDENCIA DEL CORTE CILÍNDRICO DEL
AGUJERO ABURRIDO

CAPÍTULO 3

EL PRIMERO

Leon Bibi

El primero

AL PRIMERO, ENKI CREÓ CUATRO hombres y cuatro mujeres, todos diferentes y únicos. Estos cuatro representaron los primeros caucásicos, mongoloides, australoides y negroides. Los caucasoides y los mongoloides hicieron todo el trabajo agrícola laborioso, y los australoides y los negroides hicieron toda la minería. Adoraban a sus dioses y eran esencialmente esclavos.

La historia de Adán y Eva ha sido históricamente retorcida. Sin embargo, los elementos de la historia se conservan en las tabletas sumerias y se han escrito para apoyar las necesidades de la cultura que gobernaba en ese momento. Basados en la larga disputa entre Enki y Enlil, ciertos elementos de la historia muestran las interrelaciones entre Enki, Enlil y los proto-humanos. Sobre la base de la suposición de que Enki creó a los primeros humanos y los cuidó como propios, hay muchas subparcelas que se desarrollaron. Los protohumanos eran esclavos utilizados para la agricultura y la minería, por lo que Enlil necesitaba su trabajo. Enki estaba interesado en educarlos y desarrollarlos en seres sensibles. Está escrito que cuando Eva le dijo a Enki que Enlil "destruiría a cualquier trabajador primitivo que desafíe sus órdenes" (tabletas). Ante esto, Enki declaró: "Soy tu creador, y Anu y Enlil no te harán daño a ti ni a Adán". Eva, ahora creyendo que Enki es "dios", le pregunta sobre el "conocimiento" sagrado - lo que yo (el autor) creo que significa que, en un nivel superior, los Anunnaki son inmortales y tienen el conocimiento de la inmortalidad, y en un nivel menor, adquisición sexual - tiene relaciones sexuales con Enki. Después, Eva, conociendo y disfrutando el acto sexual, tiene relaciones sexuales con Adán. Enki representa a la serpiente en la Biblia y se representa en todo el mundo en columnas, pirámides, edificios y tabletas. La "manzana" representaba el sexo, y cuando Adán y Eva "comen" la manzana, es una representación del coito. "Fruta" en la Biblia también lleva el significado de las relaciones sexuales.

Al enterarse de que Enki visitó a Eva, Enlil los expulsó del Jardín de Edin. Enki cubre sus cuerpos con tela blanca y los envía en su camino. Luego, Eva da a luz a Caín, que el autor cree que es el verdadero hijo de Enki, y luego a Abel, que el autor cree que es el verdadero hijo de Adán. Caín lleva la verdadera línea de sangre de los dioses porque es mitad divino. Cuando Enlil les pide a Caín y Abel que le preparen un banquete, Caín ofrece productos, mientras que Abel ofrece una oveja. Enlil rechaza la oferta de Caín y acepta a Abel, enfureciendo a Caín que luego mata a Abel, luego de que la oveja de Abel destruye los cultivos de Caín. Al regresar de su fiesta, Enlil le pregunta a Caín: "¿Dónde está tu hermano?", Responde Caín. "¿Soy el guardián de mi hermano?". Mientras tanto, Enlil ya sabía que Caín había matado a Abel.

Leon Bibi

PALACIO MASIVO DE UR-POSIBLEMENTE
CONSTRUIDO POR/PARA GILGAMESH-TODAVÍA
ESTÁ PARADO HOY

Los sumerios

Entre 1889 y 1900, más de 30,000 tabletas de arcilla fueron desenterradas en Nippur (actual Irak), por la Universidad de Pennsylvania, que data de 1750 a.c. Estas tabletas de arcilla con escritura cuneiforme es la literatura escrita más antigua de la tierra. Este punto es indiscutible. Esta literatura fue traducida y utilizada por los hititas, luego los hebreos, luego los griegos. Sin embargo, la Biblia, escrita casi dos mil años después, nunca habla de esta antigua civilización sumeria o de las tablas. Nuestros libros de texto de historia apenas mencionan esta civilización, especialmente teniendo en cuenta el hecho de que los hallazgos arqueológicos en sitios como Jericó y, más recientemente, Gobekli Tepe en Turquía, ¡que datan de hace 11,600 años! ¿Por qué?

La palabra sumerio se deriva de la región del sur de Mesopotamia establecida en 4000 a.c., llamada Sumer (se pronuncia Shumer). Una de las ciudades más importantes de Sumer se llamaba Uruk (actual Irak), se estableció en 3800 a.c. Uruk fue la primera ciudad verdadera en la Tierra.

Las tablas describen el gran diluvio de Noé en Shuruppak: ¿es este el documento fuente de la Biblia? Las tablas describen la historia épica del mayor héroe sumerio: Gilgamesh, el precursor de Hércules en Grecia, sin embargo, pocos conocen el nombre de Gilgamesh. ¿La Biblia tomó prestadas estas historias de las tablillas sumerias? ¿Se modificó, editó y originó la Biblia a partir de estas tabletas sumerias? ¿Por qué tan pocas personas han oído hablar de estas tabletas invaluables? ¿Por qué han permanecido en gran parte desconocidos, y por qué no se han puesto a disposición tanto de los escolares, como de los estudiantes de aula todos los días? Para citar a uno de los eruditos más distinguidos de la literatura sumeria, el Dr. Samuel Noah Kramer de la Universidad de Pennsylvania,

"Pronto se hizo evidente que parte del material del Antiguo Testamento era de carácter mitológico porque presentaba claros paralelos y se asemeja a los mitos recuperados de fuentes egipcias y babilónicas" (Kramer - Mitología sumeria)

Una de las primeras traducciones de Kramer of Plate IX (tableta 13877) dice:

"Hubo un tiempo en que el cielo y la tierra estaban unidos. Algunos de los dioses existían antes de la separación del cielo y la tierra"

Note la palabra dioses (plural), no dios (singular). Continúa describiendo a los dioses como Anu, portador del cielo; Enlil, el dios del aire; Enki, el dios del agua; Utu, el dios guerrero; y la mujer Nammu, la madre dios. ¡Cinco dioses descritos! ¿Cómo puede ser esto? Se nos dice que creamos que solo existe un dios.

"En el principio, Elohim creó los cielos y la tierra".

Elohim es una palabra plural. El singular sería Eloah. ¿Por qué usar Elohim? Eloah como tiempo singular se usa 250 veces. Es deliberado. Elohim denota muchos dioses.

¡Elohim es usado 2,500 veces! (Rapha - Extranjeros, Ángeles y Dioses).

"He aquí, el hombre se ha vuelto como uno de nosotros" (Génesis 3:22).

De nuevo, vemos referencia al plural. Cuando leo esto, pienso en el panteón griego de dioses, sentado en un foro, deliberando sobre el futuro y el bienestar de sus humanos.

"No adoren a ningún otro dios, porque el Señor (Yahweh), cuyo nombre es celoso, es un dios celoso" (Éxodo 34:14)

Cualquier otro denota el plural de nuevo. Observe que Yahvé no dice "No adore a ningún otro ídolo" aquí, él dice "Dios". ¡Yahvé mismo está admitiendo la existencia de otros dioses! ¿Cómo puede ser esto? ¿Cómo funciona esto en la identidad monoteísta de Dios?

"¿Puedes atar las dulces influencias de las Pléyades, o perder las bandas de Orión? ¿Puedes dar a luz a Mazzaroth en su estación? ¿O lanzarías a Arcturus con sus hijos?" (Job 38: 31-32)

Pleiades, Orión y Arcturus se describen en Job. ¡Estos sistemas estelares no fueron descubiertos hasta el siglo XIX! Estos sistemas estelares son solo nuevos descubrimientos. ¿Cómo pueden identificarse en el año 2000 a.C.? La única razón racional es que los escribas sabían sobre estos sistemas estelares de los dioses que se originaron a partir de aquí. Los Anunnaki han sido descritos como originarios de Orión, y eventualmente emigran a Nibiru, su planeta actual.

Leon Bibi

Conocimiento sumerio

"La escritura sumeria es la forma más antigua de escritura sofisticada en existencia, apareció por primera vez alrededor del año 3400 a.c., pero no es burda ni primitiva, y no hay región en la Tierra que identifique ningún concepto de escribas que pueda haber sido su precursor. Apareció en una forma completa y compuesta, como si fuera de otro mundo, en el estilo conocido como cuneiforme (en forma de cuña). Esta fue una serie de símbolos fonéticos angulares (cuneados) aparentemente abreviados de las pictografías de los sacerdotes del Templo Sumerio". (Gardner - pág. 53)

Los siguientes hechos demostrarán que los sumerios estaban tan avanzados como las generaciones de homo sapiens anteriores a ellos, que no podrían haberse adaptado o mejorado con respecto a la generación que los procedía. Fueron tan organizados, civilizados e inteligentes que produjeron más "primicias" que todos los grupos combinados. Pero sus contribuciones a las matemáticas y la astronomía son tan avanzadas que no hay forma de que hayan sido exclusivamente humanos. Sus avances debieron haber sido enseñados por los Anunnaki.

Creo que los siguientes avances fueron iniciados y ejecutados por los Anunnaki utilizando a los sumerios como mano de obra esclava. No podrían haber sido únicamente humanos

- ❖ la creación de ciudades
- ❖ la creación del sistema cuneiforme de escritura
- ❖ la creación del comercio organizado
- ❖ la creación de canales y acueductos
- ❖ la creación de sistemas de drenaje y alcantarillado
- ❖ la creación de palacios
- ❖ navegación en aguas abiertas
- ❖ la creación de pesos y medidas
- ❖ la creación de carros con ruedas, carros y carros
- ❖ la creación de leyes escritas, tribunales y jueces
- ❖ la creación de contratos comerciales
- ❖ la creación del matrimonio y el divorcio
- ❖ la creación de instrumentos musicales
- ❖ la creación de poesía, canto y danza

Sus matemáticas se basaron en el sistema sexagesimal (60). Creo firmemente que se basa en este número porque le tomó a Nibiru 3.600 (múltiplo de 60) años pasar por la Tierra. Pero aquí es donde creo que los Anunnaki tenían una huella clara en el conocimiento humano, específicamente relacionado con la astronomía.

Leon Bibi

TABLETA CUNEIFORME 1

TABLETA CUNEIFORME 2

Según las tablas sumerias, los sumerios creían que:

1. Precesión: el año exacto en el que el eje polar de la Tierra apunta a la Estrella del Norte - de 25,920 (nuevamente, un múltiplo exacto de 60) años, en los que se basaron sus calendarios.

2. Forma de la Tierra como redonda con un ecuador y dos polos.

3. Distancias entre estrellas (se toma un ejemplo del texto sumerio # AO.6478 que enumera las 26 estrellas visibles a lo largo de la línea del Trópico de Cáncer)

4. La descripción de Urano y Neptuno como "gemelos acuosos" (¿cómo podrían saber que estos planetas contenían agua?), Con un color "azul-verde" (que no se puede ver a simple vista). Nota del autor: (¡El viaje por satélite Voyager de la NASA de 1986 mostró exactamente esto! ¡Urano era acuoso y tenía un color azul verdoso!)

Lloyd Pye resume de la siguiente manera:

"A estas alturas, con suerte, deberías estar dispuesto a aceptar al menos tentativamente que: (1) los sumerios decían la verdad en sus inscripciones cuneiformes sobre el pasado lejano de la Tierra; (2.) Nibiru fue y es un planeta real en nuestro sistema solar; (3) sus habitantes fueron y son los Anunnaki; (4) los Anunnaki eran y son una raza de seres altamente avanzados; y (5) vivieron y trabajaron en la Tierra como la cultura dominante desde hace 430,000 años hasta el 2000 a. C., cuando estalló una guerra nuclear entre ellos, y de la cual nunca se recuperaron, lo que provocó que abandonaran la Tierra en masa en el 200 a. "(" Todo lo que sabes es incorrecto "- Pye página 246)

También es interesante que los sumerios se refirieran a sus dioses como "los nobles", una descripción interesante de su posición jerárquica dentro de la sociedad sumeria y que estaban en el aire o volaban en el aire.

Leon Bibi

TABLETA CIRCULAR CON ESCRITURA
CUNEIFORME

TABLETA RECTANGULAR

CAPÍTULO 4

Los NIBIRUANOS

Los nibiruanos

HE ESCRITO EXTENSIVAMENTE SOBRE los
Anunnaki en mi libro anterior: "Adam = Alien", su
contacto con la Tierra, su necesidad de oro y su siembra
de la raza humana. Son una especie extraordinaria de seres
humanos que se originan en el planeta Nibiru en nuestro
propio sistema solar, no lejos de la Tierra. Están escritas
extensamente en el Antiguo Testamento, conocidas como
Anakim en hebreo. Se cree que Nibiru sufrió una onda de
choque catastrófica en su órbita original de Canis Major,
cuando una estrella gigante roja llamada Sirius B u Osiris
(sí, igual que en la tradición egipcia) implosionó y expulsó
a Nibiru de Canis Major. Llenó la órbita de Nibiru con una
superabundancia de metales pesados radiactivos. La
expulsión lo envió directamente hacia el sistema solar de la
Tierra, enviándolo a girar de manera elíptica en el sentido
de las agujas del reloj, lo que fue contra las actuales órbitas
circulares, en sentido contrario a las agujas del reloj, de
nuestros 9 cuerpos planetarios. Debido a esta abundancia
de metales pesados radioactivos, la atmósfera de Nibiru
comenzó a marchitarse, amenazando así a los Anunnaki
con la extinción. Tenían que actuar con rapidez.
Inicialmente crearon una base en Marte, que era el planeta
más cercano y habitable más cercano a ellos. Sobre la base
de la nueva órbita elíptica de Nibiru, que atraviesa nuestros
planetas cada 3.600 años, Nibiru ha sido llamado el
"Planeta del cruce". El símbolo ankh con su cruz y parte
superior circular, significa el planeta de la cruz (ing), y

algunos escritores creen que la cruz del cristianismo también representa a Nibiru.

Los Anunnaki construyeron 12 ciudades principales en la Tierra (12 son múltiplos del número 6, que era el número sexagesimal estándar de sus matemáticas). Estas 12 ciudades residían predominantemente en el actual Irak: Kish, Uruk, Ur, Sippur, Akshak, Larak, Nippur, Adab, Umma, Lagash, Bad-Tabira y Larsa. Construyeron enormes templos (similares al zigurat) en el centro de cada una de estas ciudades que albergaban a los dioses.

Los Anunnaki también formaron una aristocracia de élite conocida como el Consejo de los 12. Estos 12 dioses fueron Anu, Enlil, Enki, Nannar, Utu, Ishkur, Antu, Ninlil, Ningal, Inanna y Ninhursag. Este consejo concluyó que se necesitaba un escudo térmico compuesto de metales preciosos ligeros (incluido el oro) para salvar su planeta. Inicialmente habían extraído estos metales preciosos y livianos en Marte en la región de Cydonia, donde la NASA ha fotografiado la "cara" y la "ciudad". Usaron Marte como una instalación de almacenamiento después de que la minería comenzó en la Tierra.

Son seres bélicos con tendencias narcisistas, extremadamente impulsados a ganar poder, control e influencia sobre el territorio y la gobernanza. Según el autor Alex Collier, el origen de los Anunnaki es el siguiente:

"Las facciones guerreras de Sirio y Orión decidieron negociar un acuerdo de paz mediante el matrimonio mutuo. Un rey varón de Sirio B se casó con una reina de Orión, su descendencia se convirtió en una raza llamada

"Nibiru" o "dividida entre dos". Florecieron en su propio planeta, que de allí en adelante se llamó Nibiru".

1. El oro es la razón por la cual los Anunnaki vienen a la Tierra, de ahí el alto valor que le asignan todos los humanos
2. Anunnaki usó la energía libre de la Tierra como su recurso para extraer el oro
3. El Arca de la Alianza levitó y fue empujado por 4 hombres
4. Polvo Blanco de Oro - el ingrediente de "Maná", es una sustancia poderosa
5. El becerro de oro no se derritió, se trituró en oro blanco, que se disolvió en agua y se bebió por los israelitas
6. Una mina de oro en Sudáfrica reveló los huesos de un niño homo sapiens de 50,000 años de edad
7. Se descubrieron hachas de piedra que datan de 200,000 a 400,000 años de antigüedad, lo cual se ajusta a mi último libro, "Adam = Aliens", que afirma que los humanos fueron diseñados genéticamente hace 440,000 años

Según Michael Tellinger en su libro "Los Templos Africanos de los Anunnaki", sobre el poder del oro monoatómico blanco: "Esta es la información de que el Instituto de Tecnología de Massachusetts (MIT) ha sido muy reservado acerca de... las propiedades curativas del polvo son las más misteriosas y es más probable lo que Moisés estaba haciendo en el desierto... la presencia de la luz blanca parece reparar todos los defectos genéticos en nuestro ADN y cura las células humanas de cualquier enfermedad que pueda presentar. Esto es probablemente lo que Royal Raymond Rife descubrió en 1931, cuando supuestamente encontró la "cura para todas las enfermedades" - (pág. 114)

Tellinger encontró decenas de miles de grandes formaciones circulares, en forma de rosa, en Sudáfrica. Comparó la forma con la de un "oscilador de magnetrón de cavidad resonante (alta frecuencia de alta potencia)". ¡Que interesante! Él compara la forma, ¡y es muy convincente! Afirma que las largas líneas de rocas que salen de la cavidad en forma de rosa no son caminos, sino más bien "canales de energía - dispositivos de conexión" (pg118). Él continúa (pág. 121)

"El magnetrón, que se utiliza para generar sonido con energía de frecuencia vibratoria".

La energía en muchos electrodomésticos modernos, como los microondas, es prácticamente una copia de muchas de las estructuras de piedra con forma de flor. El pariente del magnetrón, el klystron, también tiene innumerables aplicaciones, como el radar ... La vara o piedra central, se hace vibrar a una frecuencia específica que se amplifica en las cámaras resonantes adyacentes y luego se canaliza a través de los conectores que conducen la energía vibratoria a otro destino, donde se usa de muchas maneras posibles. La vibración original en el centro del magnetrón, o círculo, puede ser generada por el sonido. La frecuencia, o el tono del sonido, creará la energía específica requerida para realizar varias tareas. Las tareas pueden variar de:

1. Magnetismo

2. Perforación
3. Levitación

John Worrell Keely utilizó un magnetrón en 1888 para realizar estas funciones, por lo que se ha utilizado en los EE. UU. Durante 120 años en aparatos como nuestro microondas, e incluso en radar.

Evidencia

P1. MAPA IRIS REIS: BASADO EN SU CARRERA DE LA ANTÁRTICA, la única forma en que se pudo determinar fue desde el cielo antes de 4,000 a.c., antes de que la Tierra de la Reina Maud se cubriera con hielo. Muestra las montañas de los Andes en el lado occidental de América del Sur, que no se conocían en la década de 1500, y el río Amazonas que se eleva en los Andes y fluye hacia el este.

2. Líneas de Nazca: parece que la famosa "Figura de araña" es un diagrama terrestre de la constelación de Orión. La figura del cóndor mide 400 pies de largo, el colibrí mide 165 pies de largo y la araña mide 150 pies de largo. ¡Estos no eran meros garabatos de antiguos miembros de la tribu india!

3. Viracocha significa "Espuma del mar": describe a Enki como "un hombre barbudo, de estatura alta, vestido con una túnica blanca que se puso de pie y que llevaba ceñido en la cintura", un hombre blanco de ojos azules. y -

"Un hombre barbudo de estatura mediana vestido con una capa bastante larga... Pasó su apogeo, con el pelo gris, y delgado. Caminó con un bastón y se dirigió a los nativos con amor, llamándolos sus hijos e hijas. Mientras recorría toda la tierra, hacía milagros. Él sanó a los enfermos por contacto. Hablaba cada lengua incluso mejor que los nativos". -" Huellas dactilares de los dioses - Hancock"

4. Quetzalcóatl - significa "serpiente emplumada": ¿es esto Viracocha / Enki en los Andes? Introducción introducida, el calendario, la astronomía, la medicina, la albañilería, la arquitectura, las matemáticas, la metalurgia y el maíz introducido, que había sido extraño a la Tierra, y traído a la Tierra.

5. Las figuras olmecas representan rasgos claramente negros. Pero no había africanos en las Américas antes de hace 2000 años. ¿Cómo llegaron ahí? Los olmecas también fueron los inventores del calendario, no los mayas. Eran mucho más antiguos que los mayas e inventaron la fecha de inicio del 13 de agosto de 3114 a.c. como el comienzo de la vida civilizada que termina en 2012, d.C.

Los temas constantes encontrados en México y Centro / Sudamérica son:

1. hombres barbudos
2. cruces
3. serpientes

Mi teoría es que surgen repetidamente para recordarnos que:

1. Somos los hijos de los Anunnaki.
2. Nuestra madre planeta es Nibiru (el planeta de la travesía en las tabletas sumerias)
3. Fuimos formados a través de su ADN (serpiente entrelazada).

Conexión de la pirámide: Hancock sugiere brillantemente un reflejo de las pirámides en Giza y México. "Al igual que en Giza, se construyeron tres pirámides principales en Teotihuacan: la Pirámide / Templo de Quetzalcóatl, la Pirámide del Sol, y la Pirámide de la Luna. Al igual que en Giza, el plan del sitio no era simétrico, como se podría haber esperado, sino que involucraba dos estructuras en diferente alineación entre sí, mientras que la tercera parecía haber sido deliberadamente desplazada hacia un lado... ¿podría esto ser una coincidencia? "- Hancock – "Huellas Dactilares de los Dioses" - pág. 169

VIRACOCHA

QUETZALCOATL

Nibiru

SIEMPRE ME PREGUNTO CÓMO LOS ANUNNAKI, con una estructura física similar a los humanos, pudieron sobrevivir en el planeta Nibiru, que estaba tan lejos de Plutón en una atmósfera extremadamente fría. La respuesta - su planeta tenía una fuente interna de calor. A pesar de que estaban muy lejos de los rayos del sol, podían existir cómodamente. Nibiru pasa la tierra cada 3.600 años. Está a solo 51 años luz de la Tierra, o 250 trillones de millas de distancia... no muy lejos en relación con nuestra galaxia.

El símbolo de Nibiru es una cruz (+), que simboliza a Nibiru cruzando la Tierra. Nibiru tiene la clave de las principales extinciones de la Tierra, inundaciones, cambios climáticos, etc., debido a su paso por la Tierra. Según Alford-

"Según el Enuma Elish, Nibiru estuvo destinado para siempre a regresar al lugar de la batalla celestial, donde había cruzado el camino de Tiamat (nombre original de la Tierra); fue por esta razón que se conoció como el" Planeta de la Tierra ". Cruzando "... la cruz, sagrada tanto para el budismo como para la cristiandad, debe su origen al evento celestial que creó la Tierra y los cielos" (Alan Alford - pág. 227).

La existencia de Nibiru es bien conocida por los astrónomos. Se llama "Planeta X". Ha sido reconocido en publicaciones como The New York Times, el Washington

Post, National Geographic y muchas otras revistas científicas como un planeta capaz de sustentar la vida.

Entonces, le pregunto, querido lector, si el Planeta X es real, existe en nuestra galaxia, puede sostener la vida, puede ser visto por el Telescopio Hubble (y otros telescopios)... ¿no es posible, si no es probable, que el contenido en las tabletas sumerias es cierto? ¿Por qué los sumerios, hace casi 10.000 años, inventan una historia de dioses de nueve pies de altura que llegan a las naves espaciales y les enseñan una conducta moral y cómo mejorar su existencia...? Ellos no lo harían...

También es interesante que el Enuma Elish contiene siete tabletas. Fue escrito más de mil años antes del Antiguo Testamento. Creo que el verso, "Dios creó la tierra en siete días", se refiere a cada una de las siete tablas de Enuma Elish.

Nibiru ha ingresado a nuestro Sistema Solar directo en los próximos años.

- ➢ 11,000 a.C.
- ➢ 7,400 a.C.
- ➢ 3,800 a.C.
- ➢ 200 a.C.

¡La próxima entrada será en 3,400 d.C.! ¡Bien pasado nuestras vidas! Pero su entrada causará un enorme desastre natural en la Tierra debido a su entrada entre Marte y Júpiter, y perturbará el movimiento en sentido contrario a las agujas del reloj al ingresar en el sentido de las agujas del reloj, y sacudirá la homeostasis gravitacional que existe

Leon Bibi

actualmente. Me preocupa lo desastroso que esto será para la Tierra en 3400.

La evidencia sugiere que los dioses Anunnaki se retiraron de la Tierra en 200 a.c., ya que no ha habido signos evidentes de presencia física aquí en la Tierra. La entrada de Nibiru en nuestro sistema solar es la razón del bamboleo de nuestra Tierra.

Es interesante que la diferencia de edad entre Nibiru y nuestro Sistema Solar sea de aproximadamente 500 millones de años, exactamente la cantidad de tiempo que le tomó a la Tierra adquirir formas de vida unicelulares... ¿coincidencia? La tierra también está perdiendo una gran porción de su corteza. Todos los demás planetas y lunas estudiados contienen aproximadamente el 10% de la corteza externa, mientras que la Tierra contiene solo el 1%. ¿Puede esta enorme discrepancia radicar en el hecho de que Nibiru golpeó la Tierra tal como se describe en el Enuma Elish? ¿Es esta la razón por la que la Tierra contiene medidores tan profundos (trincheras oceánicas)? ¿Nibiru también lleva tal evidencia de la colisión? ¿Tuvo Nibiru océanos que se transfirieron durante la colisión con la Tierra?

Los científicos modernos de hoy se refieren a Nibiru como "Planeta X". En innumerables artículos periodísticos sobre astronomía (incluidos periódicos como el New York Times y el Wall Street Journal), existe un planeta en nuestro sistema solar que es más grande que la Tierra y que se puede ver claramente con un telescopio, existe relativamente cerca de la Tierra. Estos científicos saben que el Planeta X está ahí debido a los leves movimientos de los cuerpos celestes que están cerca de él. También saben que ese planeta pertenece a nuestro Sistema Solar y que, de hecho, es parte de nuestra familia de 9 planetas (en realidad, 10 planetas). Se le conoce como el Planeta X porque es el décimo planeta de nuestro Sistema Solar, ¡y de hecho fue el Planeta del Cruce!

Algunos datos interesantes que hemos aprendido sobre Nibiru son los siguientes:

❖ tiene aproximadamente 40,000 millas de ancho (en comparación con las 26,000 de la Tierra)
❖ genera calor desde dentro de si mismo
❖ Su atmósfera es similar a la de la Tierra.
❖ los Anunnaki son en su mayoría rubios, con algunas pelirrojas, y tienen la piel pálida
❖ los Anunnaki en la Tierra mantuvieron sus cabezas cubiertas y protegidas por cascos
❖ cruza entre Marte y Júpiter una vez cada 3600 años e irradia su propio calor

Nibiru es el Paraíso. Todo tiene perfecto sentido. Cuando nuestros padres nos dicen que "después de morir" todos subimos "al paraíso", ahora realmente sabemos que, de hecho, es un lugar real. Un lugar real de nuestros verdaderos orígenes...

Nibiru está atrapado en una órbita elíptica retrógrada de 3,600 años alrededor de nuestro sol. En 1986, el telescopio del Observatorio Naval IRAS descubrió una enana marrón que llamó "Planeta X". El propio telescopio del Vaticano, llamado L.U.C.I.F.E.R (nombre interesante, ¿no?), Corroboró el hallazgo y confirmó su existencia. Es real.

El fundador del oro en la Tierra fue originalmente Alalu, los deshonrados Anunnaki que perdieron a Anu en una "lucha" por el trono. Alalu se había escapado de Nibiru, solo para descubrir que la Tierra tenía el oro que (si se dispersaba en partículas ionizadas) podía salvar la atmósfera defectuosa de Nibiru...

La operación minera se trasladó desde el Golfo Pérsico a las cercanías del río Zambeze en Sudáfrica...

Lloyd Pye resume de la siguiente manera:

Con suerte, deberías estar dispuesto a aceptar al menos tentativamente que: (1) los sumerios decían la verdad en sus inscripciones cuneiformes sobre el pasado lejano de la Tierra; (2.) Nibiru fue y es un planeta real en nuestro sistema solar; (3) sus habitantes fueron y son los Anunnaki; (4) los Anunnaki fueron y son una raza de seres altamente avanzados; y (5) vivieron y trabajaron en la Tierra como la cultura dominante desde hace 430,000 años hasta el 2000 a.C., cuando estalló una guerra nuclear entre ellos, y de la cual nunca se recuperaron, lo que provocó que abandonaran la Tierra en masa al 200 a.C."("Todo lo que sabes es incorrecto "- Pye página 246)

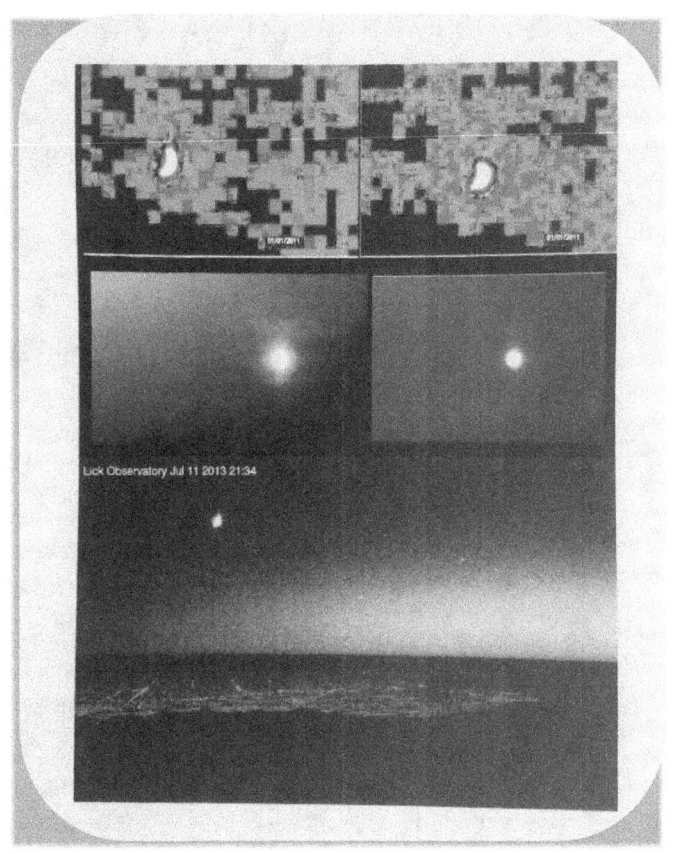

FOTOS REALES DEL PLANETA X-PLANET
NIBIRU, TOMADA DE LA TIERRA

Anunnaki

AN.UNNA.KI - SIGNIFICA "AQUELLOS DESDE EL CIELO HASTA LA CAMARA TIERRA"

1. El planeta Nibiru ha sido confirmado por el Observatorio Naval IRAS en 1986 como un "planeta enano marrón"
2. Enki trabajó en Sudáfrica cerca del río Zambezi
3. Anu vino a la Tierra entre 445,000 - hace 360,000 años
4. Ninhursag (la media hermana de Enki) estableció su centro médico hace 415,000 años en Shurrupak.
5. Los Anunnaki envejecieron significativamente en la Tierra debido a la radiación solar
6. Los Vigilantes eran los trabajadores de la mina de oro
7. Eridu - "Earth Station One" - fue fotografiado por la Universidad de Chicago en 1973 en el lugar exacto mencionado en la Lista del Rey Sumerio
8. Sippar: en esta ciudad se encontraron 400 tablillas de arcilla ordenadas cronológicamente que describen la historia de los anunnaki
9. Shimti: la ubicación del laboratorio de Genética de Enki también se ha corroborado hasta los orígenes del ADN mitocondrial
10. "Si él me da barro, entonces lo haré, Nintu mezclará barro, con su carne y sangre, entonces un Dios y un hombre, se mezclarán en barro" (la

referencia bíblica al hombre hecho de tierra y arcilla)
11. El ADN basura puede ser en realidad el balance "apagado" del ADN de Anunnaki que no podemos descubrir cómo aprovechar
12. Uruk - donde Irak recibe su nombre
13. Stargate a Nibiru: ¿podría ser que la invasión de Irak y Saddam Hussein tuvo que ver con encontrar este Stargate?
14. Shems - cohetes
15. Baalbek, Líbano fue el sitio de la instalación espacial Anunnaki
16. Después de la embestida nuclear de la península del Sinaí, los Anunnaki escaparon del "viento maligno" a Grecia, creando el Consejo del Panteón Griego de 12 miembros, incluyendo Poseidón y los otros dioses
17. Enlil = Zeus, Enki = Ptah y Poseidón
18. Enki hizo humanos con prepucios
19. Eden = Basara (en el Golfo Pérsico)
20. Bagdad = Babilonia
21. Enlil y Marduk son enemigos porque el rey y la reina (Anu y Alalu) prometieron a Marduk gobernar Nibiru, no Enlil
22. Enki aterrizó en Marte y bebió agua de un lago
23. Enki construyó casas cerca de Basara = Basora
24. Los 2 secretos que los Anunnaki guardaron de Adán y Eva fueron la procreación y la inmortalidad. Comer del árbol los iluminó únicamente de procreación. Enki excluyó el gen de la longevidad cuando hizo Adamu

25. Después de que Enlil expulsó a Adán y Eva del jardín, Enki comenzó la "Hermandad de la serpiente" para compartir secretos de tecnología avanzada

26. El oro se transportó de las minas de oro de Sudáfrica a los sumergibles, a Bad-Tibira en Sumer para refinar, fundir y formar lingotes para el transbordo a Marte.

27. "Los Anunnaki y sus trabajadores enviaron energía capacitada generada por el sonido a lo largo de las carreteras o dispositivos de conexión y movieron mercancías y agua con un dispositivo de levitación que aprovechó el contenido magnético de las piedras, de la misma manera que los trenes modernos flotan por encima de su capacidad electromagnética y los ayudó a levantar piedras de más de 10 toneladas. Utilizaban una sustancia flotante, el mismo oro monoatómico. Los caminos conectaban pozos con casas, terrazas, estaciones de trabajo y centros ceremoniales". (Pág. 58:" Anunnaki Gods No More "- Lessin)

28. La Estación Base de la Primera Base era Marte, luego, después de que Marte se vio afectado por una entrada de Nibiru, la trasladaron a la Luna

29. Nephilim - jefes de la mina Anunnaki

30. Los primeros 2 hijos de Enki no se llamaron Adán y Eva, se llamaron Adapa y Titi, luego se aparearon y tuvieron a Ka-in y Abael

31. Ka-in mató a Abael porque Enki encontró más favor con las ofrendas de corderos de Abael para carne y lana y no con los granos de Ka-in y los canales de agua llenos de peces

32. Los indios sin barba del hemisferio occidental deben su descendencia a Ka-in
33. Marduk fue condenado a morir en la Cámara del Rey en la Gran Pirámide
34. Después del diluvio, solo unos 1.000 humanos se encontraron escondidos en cuevas de montañas. El barro estaba en todas partes. Barro destruyó la terminal de cohetes en Sippar. El único edificio que sobrevivió después del Diluvio fue la plataforma de aterrizaje de Baalbek. Los humanos entonces comenzaron a cultivar cosechas. Los arados fueron inventados. La rueda fue inventada
35. Ningishzidda construyó la Gran Pirámide
36. Se encontró oro en aluvión en el lago Titicaca en Perú, y también descendientes (sin barba) de Ka-in
37. La pirámide fue originalmente un dispositivo de comunicación para Nibiru
38. La cara de la Esfinge era originalmente la de su constructor - Ningishzidda
39. En la parte superior de la pirámide se instalaron "cristales pulsantes y la Piedra Gug, una piedra angular de electrum, para reflejar un rayo para las naves espaciales entrantes".
40. El Mar Muerto está "muerto" debido a las bombas nucleares de 2024 aC, que lo contaminaron con radioactividad
41. Marduk era anti-mujer
42. Enlil "marcó" a los humanos durante su guerra con Marduk al ordenar que se cortaran sus prepucios (similar a su propio falo, y ahora "leal" a Enlil)
43. La "Cara" en Marte es la de Alalu, existe hoy

44. Los mayas son descendientes directos de Caín
45. Las teferas son rocas que han sido expuestas a la radiación nuclear, ennegrecidas y con aspecto de grava
46. En el idioma sumerio, E.DIN significa "Hogar de los Justos". Obviamente, E.DIN y Eden son una y la misma
47. Enki significa - Señor (En) de la Tierra - (Ki)
48. Enki tuvo 2 hijos - Marduk (Ra), luego Ningishzidda (Thoth)
49. Uno de los hijos de Enlil fue Ishkur, que algunos autores creen que fue el Yahvé o Jehová del Antiguo Testamento
50. Cuando los Anunnaki llegaron a una gran región de pantanos, Enki construyó diques y obras de irrigación y creó una "Tierra Elevada" o Egipto
51. Los Anunnaki eran una raza humana con cuerpos humanos y una sexualidad exuberante. Vivían en ciudades y eran altamente individualistas. El poder era importante para ellos
52. Eran muy inteligentes y habían dominado los viajes interplanetarios
53. Establecieron una estación espacial en Marte, y posiblemente la Luna también
54. Eran ingenieros genéticos sofisticados y habían dominado la clonación. Podían manipular los campos de energía, tenían rayos médicos, instrumentos de guía, podían pronosticar movimientos planetarios, desequilibrios y catástrofes
55. Eran casi inmortales
56. Tenían máquinas de alta tecnología llamadas "ME"

57. Tenían energía nuclear por lo menos 500,000 años antes que nosotros

58. Tenía una población de 300 "Igigi" ("los que ven y orbitan") en Marte

59. Noah fue llamado "Atra-Hasis" o "extremadamente sabio"

60. Abel (hijo de Adán) aprendió a pastorear por Marduk, y Caín aprendió a cultivar en Ninurta. Enlil mostró favoritismo hacia Caín. La rivalidad entre hermanos siguió

61. Ninurta (hijo de Enlil) se llama "El guerrero de Enlil", porque era el comandante de los ejércitos de Enlil y desarrolló nuevas armas y tácticas.

62. Marduk era el jefe de los Igigi y el Centro Misionero de Marte

63. La última dinastía de Akhenaton y Nefertiti comprendió la sofisticación de las estrellas, la geometría sagrada, la energía libre y la antigravedad

64. Según algunas creencias, la raza reptiliana llamada Shemsu Hor, formó la Hermandad de la Serpiente, estos seres están representados en Egipto en el Templo de Hathor

65. Se cree que los Anunnaki se comunicaron con los humanos a través de las ondas de radio emitidas a través del uso de cristales, a los que las tabletas sumerias se referían como "cristales de transferencia"

66. Los Anunnaki abandonaron la Tierra entre 610 y 560 a.C.

67. Los descendientes de Caín finalmente se convirtieron en aztecas, mayas e incas (suena como

Enki, ¿no es así?). Eran agresivos y guerreros, y practicaban el canibalismo

68. La vida útil de los anunnaki fue de 120 sars, que es de 120 x 3,600 o 432,000 años. De acuerdo con la Lista de Reyes, habían pasado 120 sars desde el momento en que los Anunnaki llegaron a la Tierra hasta el momento del Gran Diluvio.

69. En la tradición australiana, un "bullroarer" era un objeto que hacía un sonido de viento rugiente. ¿No podría ser esto una metáfora para un OVNI?

70. Eridu, la primera ciudad Anunnaki se estableció hace unos 445,000 años cuando la Tierra fue asida por una Edad de Hielo

71. Los mineros de Anunnaki se amotinaron hace unos 300,000 años

72. Los betunes y los asfaltos (productos derivados del petróleo) prevalecían en Mesopotamia y alimentaban los hornos y los crisoles

73. Enlil era temido por los humanos. La evidencia de esto se demuestra por la falta de su aparición en las artes y leyendas de Sumer

74. La casa de Enki era Eridu. Se describe en las artes y leyendas de los sumerios como un dios benevolente y se representa en sellos y monumentos sumerios. Está alineado con el mar y los ríos, y a veces se lo describe con una cola de pez (similar a una sirena), aunque el autor no está seguro de esta descripción

75. Ninhursag vivió en Shuruppak y se describe en términos matriarcales como la "madre celestial". Su símbolo sagrado era un cordón umbilical

76. Había siete dioses gobernantes en Sumer. La Menorah (candelabro sagrado judío) tiene siete brazos, hay siete días en una semana, y la Tierra fue creada en siete días. ¿Coincidencia?
77. Nannar, el hijo mayor de Enlil, vivía en Ur (ciudad capital), y su nombre semítico es Sin
78. Shamash era el Dios del Sol que conectaba el Cielo y la Tierra. Gobernó el Líbano
79. Ishkur, el hijo menor de Enlil, generalmente era representado sosteniendo un rayo bifurcado (como en Thor)
80. Adad también es conocido como Yahvé (YHWH) en hebreo, puede haber sido el verdadero padre de Isaac

Leon Bibi

ANUNNAKI DIOS

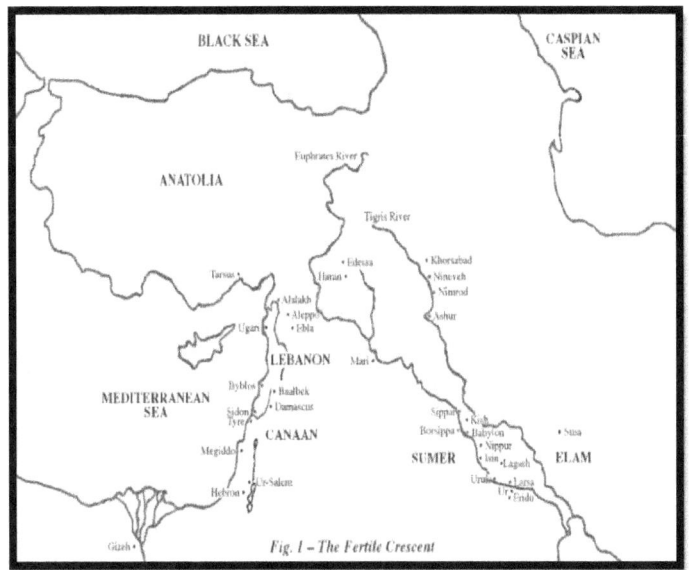

Fig. 1 – The Fertile Crescent

EL FÉRTIL CRESCENT-ANTIGUO SUMER Y LOCALIZACIONES DE LA CIUDAD

Me parece interesante que Caín parezca nacer de Eva y Dios, a diferencia de Eva y Adán. Se cita a Eva en Génesis, que dice: "He añadido un hijo varón con la ayuda del Señor", y cuando Abel nace, Génesis dice: "Luego, ella dio a luz a su hermano Abel", esto sugiere claramente que Caín era descendiente del Señor Dios, pero Abel no lo era. Después de que Caín mata a Abel, es desterrado de Edén a "la tierra de Nod". Caín luego se casa con su hermana Awan cuando Adán alcanza los 200 años de edad. Según informes, Lamech lo mató accidentalmente, terminando así su línea de descendientes, a favor de Seth. Seth es un hijo natural de Adán y Eva. Seth luego se casa con su hermana y da a luz a Enosh (Enoc). Enoc es inequívocamente favorecido por los dioses y llevado "en sus alas" (en una nave espacial) a los cielos. Aquí él es ungido y se le da "ropa de gloria". Pasa 60 días en la nave espacial, y luego regresa a la Tierra.

En "Serpientes y Dragones Voladores", R.A.Boulay describe a los Anunnaki con características de reptil (piel escamosa, cuernos y colas), que no puedo confirmar con mi investigación, pero me parecen interesantes. He escuchado fábulas que representan a los judíos con "cuernos" en sus cabezas, pensando que era una referencia a la serpiente malvada de Adán y Eva. Pero el Sr. Boulay describe la ceremonia religiosa de un "bris" que es, en los tiempos modernos, una circuncisión, de la siguiente manera:

"Como un signo de lealtad y una forma de identificar a sus partidarios (de Yahweh), y para recordarles que descienden directamente de un dios reptiliano, el derramamiento del prepucio se introdujo en este momento en el rito de la circuncisión. Simbólicamente, representó el desprendimiento de la piel del reptil como el acto de renovar su vida". (Boulay - Flying Serpents and Dragons)

Las contribuciones de Enki 1

1. Creamos humanos
2. Descubrí las minas de oro en África.
3. Descubrió un método para filtrar el oro del agua del Golfo Pérsico
4. Creó la primera ciudad de Sumeria - Eridu.
5. El primogénito hijo de Anu.

La destrucción de Enlil:

- Lanzamiento de armas termonucleares contra Marduk en 2024 aC
- Atacó las minas de oro de Enki en Sudáfrica y secuestró a la fuerza laboral, lo que detuvo la producción de oro.
- Cortó la comunicación entre la Tierra y Nibiru.
- Se agregaron los genes cromosómicos adicionales necesarios para la procreación a Adán que no pudo procrear.
- Sodoma y gomorra destruidas.

Las contribuciones de Enki 2

Enki tiene una relación especial con Noah (también llamada Ziusudra). Enki advirtió a Noah sobre el diluvio antes de que llegara, y le ordenó que construyera un arca; no, no es un enorme bote de madera... un sumergible o un submarino. El arca nunca fue un bote de madera, es imposible construir un bote de madera tan enorme, incluso con las tecnologías actuales de construcción naval. ¡El arca tampoco podría contener dos de cada especie animal! ¡Esto es absurdo! Imagina decenas de miles de especies de animales en todo el mundo. Imposible. Creo que la inundación fue real, pero fue un evento regional, no mundial. Creo que sucedió solo en la media luna fértil: el actual Irak, y posiblemente en otros países del Medio Oriente.

La autobiografía de Enki está escrita en 12 tabletas. Este texto se llama "Eridu Genesis". En él, el "ME" se describe como un disco de datos que codifica todos los aspectos de la civilización en la Tierra. Este texto arroja luz sobre los intentos de Enki de tener un hijo con su media hermana Ninharsag, sus relaciones con diosas y humanos por igual, y las consecuencias que enfrenta como resultado de esto. El texto de Atra-Hasis discute los esfuerzos de Anu para calmar la relación entre Enki y Enlil al dividir la Tierra entre ellos.

Extractos del texto de Enki: (tomado de "El libro Perdido de Enki" - Sitchin)

Leon Bibi

Estas son las palabras exactas dictadas por Enki a un escriba conocido como Endubsar-. Me gustaría que el lector lea las palabras de Enki que fueron escritas hace miles de años y determine por sí mismo si cree que esto es real o un mito completo. Y si esto es un mito, ¿cómo podría el autor haber sabido acerca de estos eventos? Además, el texto fue escrito en forma de poesía, verso por verso. Las notas del autor están entre paréntesis:

"Soy tu Lord Enki. Estoy muy angustiado por lo que le ha ocurrido a la humanidad. Mis manos no están limpias, no desde que el Gran Diluvio (el Diluvio mítico y verdadero) ha caído en la Tierra, los dioses y los terrícolas. Pero el Gran Diluvio estaba destinado a suceder, no así la gran calamidad (explosión nuclear). Esta, hace siete años...

ENKI

ENLIL

La primera tableta

"Por Enlil y Ninharsag estaba permitido; yo solo por alto estaba suplicando. Ninurta, el hijo guerrero de Enlil, y Nergal, mi propio hijo, envenenaron las armas en la gran llanura y luego las desataron.

El Gran Diluvio estaba destinado a suceder; La gran calamidad de la tormenta de muerte no fue por el incumplimiento de un voto, por una decisión del concilio fue causada; por las armas del terror fue creado. Por decisión, no destino, se desataron las armas envenenadas; por deliberación fue el lote emitido.

Un gran planeta, rojizo y radiante; alrededor del Sol hace un circuito alargado de Nibiru. En el período frío, el calor interior de Nibiru se mantiene alrededor del planeta, como un abrigo cálido que se renueva constantemente.

(Descripción de Nibiru) - La nación del norte contra la nación del sur tomó las armas (¿suena como nuestra Guerra Civil?). Entonces se declaró una tregua; luego se llevó a cabo la pacificación. Que haya un trono en Nibiru, un rey para reinar sobre todos.

En la atmósfera se ha producido un agotamiento del agotamiento del ozono; Ese fue su hallazgo. ¡Volcanes, los antecesores de la atmósfera, menos eructos escupían! El aire de Nibiru se ha hecho más delgado, ¡el escudo protector ha sido disminuido! (Si es un mito, ¿cómo podría el autor conocer esos detalles atmosféricos descriptivos?)

Se examinaron intensamente qué atmósferas poseían por observación y con carros celestes (OVNI). En los consejos de los eruditos, las curas fueron debatidas ávidamente; Se consideraron con urgencia formas de vendar la herida. Una de ellas era usar un metal dorado como se llamaba. En Nibiru era muy raro; dentro de la pulsera martillada (nuestro cinturón de asteroides) era abundante. Era la única sustancia que hasta el polvo más fino podía ser molido; Elevado alto al cielo, suspendido pudo permanecer.

(El Problema de la Atmósfera de Nibiru) - Uno era usar un metal dorado como se llamaba. En Nibiru era muy raro; dentro de la pulsera martillada (cinturón de asteroides) era abundante. Era la única sustancia que hasta el polvo más fino podía ser molido; elevado alto al cielo, suspendido podría permanecer... En la tierra la lucha era abundante; la comida y el agua no eran abundantes... Para que los barcos celestes se construyeran, él (Alalu, el primero de los Anunnaki que aterrizó en la Tierra) decidió buscar el oro en la pulsera martillada.

(Problema con el brazalete martillado) - Por los brazaletes martillados los barcos fueron aplastados; ninguno de ellos regresó. (Este texto fue escrito hace más de 5,000 años, si esto fuera falso, ¿cómo podría el autor saber acerca de la "Pulsera martillada" de todos modos?... A la Tierra nevada Alalu siguió su curso; Por un secreto desde el principio eligió su destino.

(en Oro) - los carros de sondeo de Nibiru, como los leones que cazaban, los devoraban; el oro precioso,

necesario para sobrevivir, ellos se negaron a desalojar...
Oro, mucho oro, la viga (¿rayo tractor?) ha indicado...

(Problemas de la Tierra de Alalu) - Como capa de
protección, el Pulser y el Emisor se pusieron... Se pusieron
un casco de Águila (interesante que sea el símbolo de la
fuerza de los EE. UU.), un traje de pescado (¿equipo de
buceo?)... solo en un planeta alienígena en el que estaba...
respiraba el aire del planeta; ¡compatibilidad que indicaba!
...El brillo exterior era cegador; ¡Los rayos del Sol eran
abrumadores! ...una máscara para los ojos se puso...

(Descripción de la Tierra) - ¡Las aguas con peces fueron
llenadas! Para beber el agua no estaba en forma, Alalu
decepcionó enormemente... los árboles con frutas estaban
cargados... ¡Dulce era el olor, más dulce era el sabor!
...Alalu enormemente encantado... En el estanque, el
Sampler bajó; ¡para beber el agua era buena! ¡Qué frialdad
tenía el agua, un sabor del agua de Nibiru, diferente... un
silbido que pudo escuchar (una serpiente que no se
encuentra en Nibiru), un cuerpo deslizándose junto a la
piscina se estaba moviendo! (Interesante es que Alalu se
encontró con una serpiente en la Tierra, que nunca había
visto en Nibiru, y que las serpientes son los símbolos del
ADN y son temidos en la Tierra) ...La brevedad del día
que Alalu reflexionó, su falta lo sorprendió (los días en
Nibiru son obviamente más largo que en la Tierra)
...Kingu (la Luna), la compañera de la Tierra, ahora vio...

(Sobre armas nucleares) - Del Probador de sus entrañas de
cristal que sacó, de la muestra que sacó su corazón de
cristal; en el altavoz, los cristales se insertaron, todos los
hallazgos para transmitir... ¡Con Armas de Terror

(dispositivo nuclear) un camino a través de la pulsera que lanzó! (viaje de Nibiru a través del Cinturón de Asteroides a la Tierra)... el Empujador de Agua para prepararse (¿agua usada para expulsar a los asteroides de los carros?)

(En Marte) - Hay agua en Lahmu... ¡el blanco era su gorra, la nieve la blanca era sus sandalias... el color rojo rojizo era su centro, en su medio se agitaban los lagos y los ríos! ...Las aguas eran buenas para beber (¡interesante!), el aire era insuficiente...

(En Eridu, la primera colonia de la Tierra) - Eridu, Home Away from Home, se establece en siete días (¿no es interesante que la Biblia diga que Dios creó la Tierra en siete días? ¿Coincidencia?)... Deje que este día sea un día de descanso; ¡El séptimo día en adelante, un día de descanso para siempre! (¿coincidencia?)

(Sobre la minería de oro en Sudáfrica): donde se le dio a la masa de tierra la forma de un corazón, en la parte inferior del mismo, Abzu (So. África), de Gold the Birthplace, Ea (Enki) a la región que dio el nombre... De Las entrañas de la Tierra, no de sus aguas, se debe obtener el oro... (Enlil pide un plan para explotar correctamente): se necesita una prueba de las venas doradas, ¡se debe asegurar un plan para el éxito! ...Déjalo (Enki) obtener una prueba, un plan presentado... (Anu desciende a la Tierra) - su carro se derrumbó... Con vacilación Alalu dio un paso adelante, con Anu él cerró los brazos... Deja que el Edin (Edén) sea... El Comandante del Edin dejó ¡Yo (Enki) sea, que Enlil realice la extracción de oro! (entonces Enki le está pidiendo permiso a Anu para que Enlil haga la extracción)... ¡Déjanos dibujar un montón! Dijo Anu. ¡De la mano del destino que haya una decisión! (Enki pierde el sorteo de lotes, y Eden pertenece a Enlil) - Los ojos de Ea se llenaron con las lágrimas de Eridu y el Edin que deseaba no separarse.

(Máquinas utilizadas para la minería) - Un divisor de tierra con inteligencia que Enki diseñó, en Nibiru que se diseñó según lo solicitado. Con esto en la Tierra para hacer una herida, sus entrañas se extienden a través de túneles... El poder irradia la superficie que aplanó. Grandes piedras de la ladera de los héroes extraídos y tallados. Para sostener la plataforma con naves del cielo las llevaron y las emplazaron.

(Creo que la plataforma a la que se refiere Enki es la plataforma Baalbek, que es el monolito más grande del mundo, ver foto)

Laarsa y Lagash por Enlil fueron construidos, Shurupak para Ninmah que él estableció (¿estas son las 3 ciudades establecidas por Enlil en Irak?)... Aquellos que están en la Tierra serán conocidos como Anunnaki, ¡Aquellos que del Cielo a la Tierra llegaron! Aquellos que en Lahmu son Igigi serán nombrados, ¡Aquellos que observan y ven, serán!

(Enki toma armas nucleares de Alalu) - En la cueva cercana Enki, siete Armas del Terror se han escondido, Del carro celestial de Alalu se las llevaron.

(El "ME" es un disco o dispositivo que contiene información codificada). En ME se registraron las fórmulas secretas de Sol y Luna, Nibiru y la Tierra, y se registraron ocho dioses celestes. Con propósito malvado, Anzu, de las Tablas de los Destinos se apoderó. Allí, en el

Lugar de Aterrizaje, el rebelde Igigi lo estaba esperando, ¡para declarar a Anzu rey de la Tierra y a Lahmu, que los estaban preparando! (un motín de los Igigi que inicia una guerra)

Un rayo lanza a Ninurta (hijo de Enlil) en Anzu; las flechas no pudieron acercarse a Anzu hacia atrás, se giraron. Para su hijo Enlil, una poderosa arma fabricada, un misil Tillu (y luego Ninurta derrota a Anzu).

(Entrega de oro) - En Bad-Tibira (en Irak) fueron fundidos y refinados, en cohetes a Lahmu fueron enviados: En carros celestes de Lahmu a Nibiru se entregó el oro puro. (¡Pero la minería fue difícil, los trabajadores se quejaron y se amotinaron! A Enki se le ocurrió una idea para crear un "Lulu" - o un humano primitivo hecho de homínido Cro-Magnon combinado con ADN de Anunnaki) - Creemos un Lulu, un Primitivo Trabajador, el trabajo de las dificultades para hacerse cargo. ¡El Ser que necesitamos, ya existe! Todo lo que tenemos que hacer es ponerle la marca de nuestra esencia, por lo tanto, ¡se creará un Lulu, un Trabajador Primitivo! Entonces, les dijo Enki a ellos...

(Sobre la creación del hombre) - El nombre de Adamu fue dado por los Anunnaki como el nombre de los primeros hombres, en oposición a un solo hombre. Adamu se refería a "Quien es como el barro de la Tierra" (una referencia tal como se describe claramente en la Biblia: que el hombre estaba hecho de barro. Luego, tal como lo practican los judíos de todo el mundo hoy en día, el prepucio se retiró después del nacimiento) de Adamu se hace una incisión, una gota de sangre para dejar salir".

Leon Bibi

Enki hace referencia a nuestros 22 cromosomas de ADN como" dos serpientes entrelazadas "(Ningishzidda, las esencias) separadas y dispuestas como veintidós ramas en un árbol de la vida y fueron las esencias". Pero los Anunnaki tampoco restringieron a sabiendas la capacidad de reproducción de los humanos,"¡la capacidad de procrear que no incluían!". Aquí, otra referencia bíblica a la costilla de Adán, utilizada para crear a Eva -"De la costilla de Enki (no Adán) la esencia de vida que extrajo, en la costilla de Adánu, la esencia de vida de Enki insertó; de la costilla de Ninmah (no Adán) las esencias de vida que extrajo, en la costilla de Ti-Amat (Eva) la esencia de vida que ha insertado". Los Anunnaki también restringen la h, La mortalidad de los umans - "con sabiduría y habla están dotados: con la larga vida de Nibiru (que es de decenas de miles de años) no lo están".

PLATAFORMA BAALBEK

Leon Bibi

(Sobre Caín y Abel): siempre me pregunté con quién se unió Caín para reproducirse cuando fue abolido del Jardín del Edén, pero esto se explica en la Octava Tabla: "Con su hermana Awan como esposa Ka-in del Edén salido".

(En el diluvio) - Desde que era un niño, no pude envolver mis brazos en torno a la idea de que Noah recogiera a dos de cada animal del mundo y los tuviera en un bote. ¿Cómo podría ser esto? Leones, rinocerontes, jirafas, etc... pero la Décima Tableta describe que Noah había recolectado las "esencias masculinas y femeninas y los huevos de vida que recolectaron". ¡Noah había mantenido su ADN, no los animales mismos! "Tenía en sus manos una caja de madera de cedro, las esencias de vida y los huevos de vida de las criaturas vivas que contiene". Además, la Décima Tableta describe el barco como un "sumergible" o un submarino. No era un bote de 400 pies de largo, como me habían hecho creer.

(En las pirámides) - los Anunnaki construyeron las pirámides, no esclavos judíos. "Por los Anunnaki, con sus herramientas de poder (¿láseres?) Se cortaron y erigieron sus piedras... Con galerías y cámaras para cristales pulsantes... De electrum se hizo la piedra de Apex (piedra / parte superior), el poder de todos los cristales a los cielos en una viga enfocó ". Las pirámides actuaron como una máquina impulsada por los cristales: "Las luces misteriosas del interior empezaron a parpadear, un zumbido encantador rompió el silencio. Afuera, la piedra de la capa brillaba a la vez", "Un rayo pulsante que llega hasta muy arriba". "La Era del León lo dejó anunciar (razón para construir la Esfinge), ya que Marduk, quien ahora reclama la Tierra como solo, exige que la cara de la Esfinge sea la suya. Sin embargo, después de que Marduk hubiera peleado con Ningishzidda, la cara de la Esfinge fue reemplazada por la cara de Asar (el hijo de Marduk).

Guerra

"El Señor llovió sobre ellos (las ciudades pecaminosas de Sodoma y Gomorra) desde los cielos, azufre y fuego" - La Biblia.

NU, EL SUPREMO ANUNNAKI líder, había decidido promocionar a su hijo Enlil como comandante de las operaciones de extracción de oro en la Tierra, y supervisar sus envíos a Nibiru. Anu degradó a su hijo Enki como "señor de la Tierra", teniendo su única responsabilidad con las operaciones mineras en Sudáfrica - en el Ab.Zu. Enki estaba indignada.

Los dioses Anunnaki lucharon por la tierra. Enlil y su familia fueron a la guerra con Enki. Parece haber surgido desde el rito de nacimiento: Enki fue el primer hijo nacido de Anu, pero estaba celoso de Enlil, quien era el heredero "legal" de Anu y su trono. Enki estaba resentido por el hecho de que se le entregaron las tierras africanas como su territorio (que incluía a Egipto), mientras que a su hermano le habían dado el Medio Oriente.

El símbolo de Enki es la serpiente. Lo vemos en la medicina: la serpiente es el símbolo hipocrático de la curación. También se puede ver como una representación del ADN.

El símbolo de Enlil es el águila. El poder del vuelo y la fuerza. Entonces, con esto en mente, encuentro fascinante la siguiente cita de Alan Alford:

"No hay duda de que tanto las culturas sudamericanas como las mesoamericanas conservan los registros de una victoria enlilita sobre los dioses enkiitas, en el pasado relativamente reciente. El emblema nacional del México moderno es un águila que agarra una serpiente con su pico y su garra, siendo la serpiente un símbolo enkiita". (Pág. 542)

Los Anunnaki destruyeron su puerto espacial en la península del Sinaí en 2024 a.C. Nergal, el hijo de Enki, inició este acto. Nergal no estaba de acuerdo con su padre Enki, y se puso del lado de Enlil. Ninurta, el hijo de Enlil, se unió a Nergal en este acto nuclear. Las muestras de rocas ennegrecidas tomadas del área de este evento nuclear tienen una alta proporción del isótopo 235 de uranio. ¿Cómo es eso posible si (supuestamente) nunca hubo una explosión nuclear en todo el Medio Oriente?

En mi libro anterior, "Adam = Alien", discutí la evidencia de la destrucción nuclear en las antiguas ciudades de Sodoma y Gomorra. Palabras como "fuego sulfuroso" llueven del cielo, y el Señor arroja un "rayo" sobre la ciudad y lo enciende, habla de un evento nuclear real que está ocurriendo. Los rayos fueron lanzados de la "shekinah" o la palabra hebrea para un carro aéreo, que "descendió para destruir la ciudad" (Haggadah, hebrea). La esposa de Lot, a quien se le advirtió no mirar hacia atrás, "vio la Shekinah" y fue vaporizada por el calor. En mi opinión, el Mar Muerto se formó como resultado de esta explosión que destruyó todos los seres vivos en su camino. Yahvé, el dios hebreo, puede haber sido el culpable de este evento. Se muestra que es un dios celoso y vengativo en todo el Antiguo Testamento. Yahvé también es conocido como Adad o Hashem.

¿Cómo se comunicó el pueblo de Israel con Dios? R. A. Boulay cree que cuando "establecieron un altar", en realidad estaban creando una estación de transmisión localizada. Las juntas cilíndricas del 3000 a.c. representan chozas de juncos con extrañas "proyecciones en forma de antenas en los techos con objetos redondos en forma de ojo unidos. ¡Estas chozas eran portátiles, por tierra o incluso por barco!" El Arca de la Alianza fue probablemente el verdadero transmisor de información y demostró ser tan poderoso que mató a cualquiera que se aventurara demasiado cerca. Dos hijos de Aaron fueron asesinados por una descarga repentina de electricidad producida por el Arca. Solo a la tribu Levi se le permitió preparar el Arca, aparentemente con ropa protectora. Incluso hoy en día, los levitas son los únicos judíos autorizados para abrir y cerrar el Arca en las sinagogas contemporáneas de hoy.

Se puede sugerir que los seguidores de Enlil son los hijos de la luz, mientras que los seguidores de Enki son los hijos de la Oscuridad. Enlil finalmente gana la guerra, y Enki debe pagar una "penalización". Enki debe ser lo que la Biblia sugiere como "El diablo" o "Satanás". En mi opinión, la voz de Dios en la Biblia es la voz de Enlil. Como Enlil es un Dios celoso, y espera una obediencia ciega a él y sus reglas, nuestro premio final es ir al "cielo". Si "el cielo" es Nibiru, y cuando morimos es realmente nuestro fin, entonces demostrar obediencia ciega a Enlil es un engaño de proporciones monumentales.

Marduk era conocido como "Ra" y Ningishzidda era conocido como "Thoth". Marduk, el hijo primogénito de Enki, afirmó que él, y no el hijo primogénito de Enlil, Ninurta, debería heredar la Tierra. Este amargo conflicto entre Marduk y Ninurta incluyó una serie de guerras aquí en la Tierra que llevaron al uso de armas nucleares (vea mi capítulo sobre Vitrificación en "Adán = Extranjero"). Esta aniquilación nuclear resultó en la desaparición de la civilización sumeria. Curiosamente, sin embargo, fue su padre Enki quien, solo, se opuso al uso de tales "armas prohibidas".

Una de estas armas prohibidas puede haber sido las "Tablas de los destinos", que se analizan en detalle en las tablillas sumerias. En Nippur, el centro de "control de misión" de los Anunnaki, se mantuvieron cartas celestes, paneles de datos orbitales y, en una cámara oscura, las Tablas de los Destinos. El hermano menor Enlil había tenido el control de Nippur y las Tabletas. Sin embargo, otro dios Anunnaki llamado Kumarbi robó las Tablas y escapó. Anu, habiendo descubierto que Kumarbi los robó, declaró la guerra. El hijo de Enlil, Ninurta, armado con una nave espacial con armas nucleares y guiadas por láser, atacó a Kumarbi, lo capturó y lo decapitó.

Enki fundó la "Hermandad de la Serpiente". Se convirtió en una sociedad secreta en los tiempos antiguos y ha continuado hasta nuestros días. Originalmente se dedicó a la "difusión del conocimiento espiritual y al logro de la espiritualidad para todos los seres espirituales, incluidos los humanos". (Pruett, página 166). En hebreo, la palabra serpiente es Nahash, que significa "el que conoce todos los secretos". Pero Enlil guió a la Hermandad lejos del crecimiento espiritual a la decadencia espiritual. Se ha convertido en un agente para "la supresión de la verdad y el conocimiento para la humanidad" (Pruett pág. 166)

La Hermandad ha forzado forzosamente un Nuevo Orden Mundial con un sistema bancario centralizado que ha creado dos clases distintas: los súper ricos que controlan el 99% de la economía mundial y los pobres (casi 7 mil millones de personas) que combinados controlan solo el 1%. La Hermandad ha producido una economía que produce ciclos artificiales de inflación y deflación. La Reserva Federal controla estos ciclos y existe para manipular el control del dinero en manos de La Hermandad.

Presidentes honestos como Lincoln y John F. Kennedy fueron asesinados cuando intentaron abolir la Reserva Federal. Y hay amplia evidencia para probar esto.

DIBUJO REAL DE NIBIRU SOBRE ROCA. NOTE
LA CRUZ PARA DELINEAR COMO EL "PLANETA
DEL CRUCE"

Leon Bibi

SELLO DEL CILINDRO ANUNNAKI MOSTRANDO
DIOSES CON 10 PLANETAS EN EL FONDO. 10
PLANETAS, NO 9. EL DÉCIMO SER NIBIRU.

Tel Khyber

Prueba de Anunnaki

En marzo de 2013, se produjo un descubrimiento sorprendente cerca de la ciudad iraquí de Ur. Fue una colaboración conjunta secreta entre equipos arqueológicos británicos e iraquíes. Tel Khyber se encuentra en la provincia sureña de Thi Qar (aproximadamente 200 millas al sur de Bagdad). El descubrimiento no fue anunciado públicamente. Me hace pensar que la invasión estadounidense de Irak en 2003 tuvo, entre sus objetivos, que ver con el descubrimiento de un portal y la evidencia de la civilización Anunnaki y la documentación adicional por escrito de nuestra historia real. Curiosamente, el nombre "Ur" significa "brillar" en hebreo. En la década de 1930, Ur fue excavado por Sir Charles Leonard Woolley, hijo de George Herbert Woolley. Sir Charles analizó los efectos del diluvio bíblico en Ur, y propuso que fue un evento local, y no un evento mundial. El autor está de acuerdo.

¡El descubrimiento fue increíble!

Era un enorme complejo de gran importancia. Las paredes del complejo tenían nueve pies de espesor. Había edificios separados organizados en una plaza.

También hay conexiones interesantes entre el destierro de Caín del Jardín del Edén y su desarrollo en América Latina, especialmente en México y América Central.

Sitchin comenta que el nombre egipcio de Caín era "Ka'in", que al revés es "In'ka" o "Inca". Enoc también, puede haber viajado a México como lo demuestra el nombre "Tenochtitlan". Titlan que significa "ciudad de" Enoch. Esta es la ciudad capital de los incas y de México.

JEROGLÍFICO REAL DE UN STARGATE-UN HUMANOIDE EMERGIENDO A TRAVÉS DE UN PORTAL. UN TUBO INCANDECENT SE VE A TRAVÉS DEL CUAL EL FUGURE DE UN HOMBRE ESTÁ EMERGIENDO

CAPÍTULO 5

El código de adán

El código de adán

LAS TABLETAS SUMERICAS describen cómo Enki creó a los primeros seres humanos. Enuncia lo siguiente: "Hombre y mujer los creó... y los llamó Adán."

Es de importancia crítica entender que Adam no era un nombre personal en absoluto. Adam tuvo que ver con la tierra y la mezcla de ADN de Enki de Anunnaki y primates. La palabra sumeria para la Tierra era adama, que fue el origen del nombre Adán. El escritor judío del primer siglo, Flavio Josefo, describe a Adán como el color del rojo, porque estaba "compuesto de la Tierra roja". Esta fue una referencia a los frascos de arcilla que contenían la mezcla de ADN de los humanos como se muestra en varios cuneiformes sumerios. Aún más interesante es que la palabra hebrea para rojo es - adom. La palabra védica para poderoso es - hu, y el término hu-mannan se identifica como "hombre poderoso".

En la Biblia, Adán y Eva se describen originalmente como desnudos. Esta desnudez no tiene nada que ver con algo relacionado con el sexo o su supuesta culpa por ser inocente y su sexualidad. En todos los relieves de las Tablas Sumerias, se representa a los humanos desnudos; esto es más una descripción de su servidumbre y su estado subordinado en comparación con sus dioses, los Anunnaki. De hecho, la desnudez de Adán y Eva no tuvo nada que ver con el sexo, ya que no se menciona ningún contacto físico entre ellos. Como plantea Gardner:

"Se cree comúnmente que el término cristiano" Pecado original "tuvo algo que ver con el comportamiento sexual de Adán y Eva, pero esto es un absurdo promovido por la iglesia. Hasta el punto en que Adán fue expulsado del jardín, no se mencionó ningún contacto físico entre él y Eva. El pecado finalmente determinado fue que Eva (una mera mujer a los ojos de la iglesia) había considerado oportuno tomar su propia decisión: una decisión de desobedecer a Enlil en favor del consejo de Enki, una decisión a la que Adán concedió y una decisión que demostró ser la correcta. En términos prácticos, Eva no había cometido pecado en absoluto porque el interdicto relacionado con el Árbol del Conocimiento se había colocado solo en Adán, por lo que solo él fue exiliado "(Gardner, pág. 130)

El concepto de pecado original había sido desarrollado y promovido por San Agustín, en un intento por apoyar la paranoia sexual de la iglesia. El concepto de la serpiente "tentadora Eva" lleva al mito de Satanás. Enki ha estado durante mucho tiempo conectado con el símbolo de la serpiente y Satanás. Pero en ninguna parte de la Biblia hebrea se discute sobre Satanás. Es un mito totalmente inventado, originado por la Iglesia y sus obispos en la era posterior a Jesús. Este es uno de los verdaderos mitos de la supuesta historia de la iglesia. El conflicto entre Dios y Satanás fue representativo del conflicto Enlil-Enki, que fue representativo de la batalla entre la Luz y la Oscuridad. El conflicto de Caín-Abel también es un símbolo del conflicto de Enlil-Enki, ya que ambos tenían padres diferentes. Caín era el hijo de la sangre anunnaki y Eva, mientras que Abel era el hijo de Adán, un homo sapiens, y

Eva. Caín luego emerge como el vencedor después de matar a Abel, ya que había sido el más avanzado y más fuerte de la Semilla Real.

Y EVA. LA SERPIENTE REPRESENTA A ENKI HABLANDO CON EVE.

Creación del hombre

Aquí Enki describe el proceso: "En un vaso de cristal, Ninmah se estaba preparando un aditivo, el óvalo de una hembra de dos patas que colocó suavemente (inserción del cigoto en un útero femenino). El resultado: "sus prepucios (prepucios) como de las criaturas de la Tierra eran"... el bebé tenía el prepucio de primates, "su habla solo era un gruñido" (incapaz de hablar). Entonces, siguieron intentando... una y otra vez...cambiaron el método de usar el cristal para usar la arcilla...

Luego, insertaron el cigoto en una mujer Anunnaki. "Tal vez se insertó la mezcla correcta en el útero equivocado"... luego... "Le dio una palmada al recién nacido en la parte trasera; (parte trasera) el recién nacido pronunció sonidos propios". "El negro oscuro de su cabeza era el pelo, suave era su piel, suave como la piel Anunnaki que era". El pene todavía tenía un prepucio, pero el niño podía hablar. "Adamu (Adam) ¡Lo llamaré! Ninmah estaba diciendo. Alguien como Like Earth's Clay Is, ese será su nombre".

"A nuestra imagen y semejanza". En mi libro anterior, "Adam = Alien", esta cita estaba en la portada. Esta cita directa tanto del Antiguo como del Nuevo Testamento lleva a mi tesis a casa. La palabra "nuestro" es plural y no singular. Si Dios fuera el único y singular creador de nosotros, ¿por qué se lo mencionaría en plural? Debería decir "A mi imagen y semejanza"... ¿no es así? Además, si Dios era un ser etéreo, no corpóreo, ¿cómo podríamos los humanos ser corpóreos? ¿Cómo podríamos tener un cuerpo? Los escribas de la Biblia sabían que Dios era plural... por eso lo guardaron en este versículo. Sabían que la verdad, que nuestros creadores eran "dioses" y no Dios. Nuestros creadores tenían cuerpos físicos, y cuando nos crearon, nuestra imagen o forma era, de hecho, similar a la suya... de ahí las palabras "nuestra imagen y semejanza".

Es interesante observar que los humanos tienen dos tipos de sangre: Rh positivo y Rh negativo. Los tipos Rh-positivos están asociados con los homínidos, mientras que, los Rh negativo, están asociados con una línea directa de Anunnaki. Los simios contienen 24 pares de cromosomas, mientras que los humanos contienen 23. ¿Qué pasó con un par de cromosomas? La eliminación de un par habría creado demasiado daño al proceso de transmutación, por lo que la única solución lógica que quedaba era unir dos cromosomas.

Los monos no tienen diabetes, pero los humanos sí. ¿Por qué? Es porque este proceso de empalme de genes causó problemas que solo afectan a los humanos. Los simios habrían erradicado esta enfermedad con el tiempo, pero los humanos contraen diabetes como resultado directo del proceso imperfecto de empalme de los genes de los Anunnaki. Los humanos transportan más de 4,000 desórdenes genéticos. Los monos no llevan casi ninguno. ¿Dónde se colocaron estos trastornos en nuestro código, o se continuaron como resultado de los errores de empalme de genes? Lloyd Pye señala la diferencia entre la teoría de la evolución de Darwin y lo que el registro fósil en realidad revela como la verdad:

"Los gusanos de mar no se convirtieron en peces, los peces no se convirtieron en anfibios, los anfibios no se convirtieron en mamíferos. En todos los casos, las diferencias entre las partes y funciones críticas del cuerpo (órganos internos, tracto digestivo, sistemas reproductivos, etc.) son tan grandes que la transición de una a otra requeriría cambios dramáticos que serían fácilmente perceptibles en el registro fósil. Lo que el registro fósil revela en realidad es que cada clase, orden, familia, género o especie simplemente aparece, completamente formada y lista para comer, sobrevive y se reproduce". (Pye - Todo lo que sabes es incorrecto).

La forma del ADN lo convierte en un receptor-transmisor perfecto debido a su estructura cristalina. Puede almacenar más de 100 billones de veces más información que cualquier dispositivo conocido por el hombre. Tenemos 120 mil millones de millas de ADN en nuestros cuerpos. Sin embargo, más del 95% parece no tener una función conocida. ¿Quizás cuando los Anunnaki diseñaron nuestro ADN, desactivaron deliberadamente el 95% de su función? ¿Esto se debía a que solo querían que hiciéramos solo el tedioso trabajo de cavar su oro y construir sus pirámides?

Hardy describió el problema con la atmósfera de Nibiru: "La atmósfera de Nibiru, que se cree que está protegida y mantenida por partículas producidas por volcanes, se estaba reduciendo peligrosamente. (Notemos aquí que esto es científicamente sólido, porque las cenizas y las partículas de una erupción, al ascender a la atmósfera superior, terminan por filtrar los rayos UV y, por lo tanto, disminuir la temperatura en la superficie de la Tierra). Desde esta perspectiva, la solución de Alalu (uno de los principales científicos) al problema había sido utilizar explosiones nucleares para forzar la erupción de volcanes, pero el efecto en la atmósfera de Nibiru había sido a corto plazo. Había otra posibilidad científica, pero estaba fuera del alcance de ellos: los científicos de Nibirian sabían que podían rociar partículas de oro en la atmósfera superior para crear un velo protector que lo rodeaba y retenía la atmósfera cautiva; sin embargo, no había suficiente oro en Nibiru". (Hardy - pág. 26)

El principal dios hebreo, Hashem, en realidad puede haber sido el hijo menor de Enlil, Ishkur. ¿Cómo sabemos esto? Según Alan Alford, Ishkur era anti-Babilonia y anti-Egipto. Tenía una racha violenta y estaba muy celoso. Con frecuencia se lo ha representado portando un tridente, un rayo o un arma bifurcada. Perdió rápidamente su genio.

Es sorprendente que nos enfrentemos a la comprensión de que nuestra herencia judeocristiana se ha estado ocultando durante generaciones, que los Anunnaki son, de hecho, nuestros dioses. ¡Ellos son los que nos crearon usando sus propios genes, y ellos mismos fueron una raza humana!

Pero, ¿por qué ellos, al ser tan avanzados científicamente, dejaron que su atmósfera disminuya hasta el punto del exterminio planetario? No tiene sentido. ¡Podemos, sin embargo, vernos a nosotros mismos haciendo lo mismo! Nuestros combustibles fósiles y nuestra contaminación hacen lo mismo con nuestra atmósfera: la destruyen.

La palabra Anunnaki significa "los que vinieron del cielo a la tierra". Se describen gráficamente como "DIN.GIR" Sitchin describe la palabra "GIR" como un "cohete". Echa un vistazo a los símbolos utilizados para representar los Anunnaki.

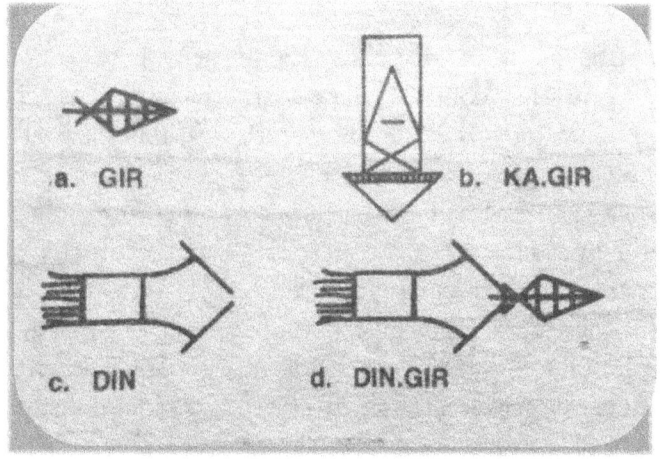

Esto no solo muestra un diagrama de un cohete, sino que incluso va más allá para delinear un cohete dentro de una cámara. La nave espacial tiene una nave de aterrizaje acoplada a ella, similar a nuestro módulo lunar que está acoplado con el Apolo 11. ¿No es interesante que la palabra sumeria "shem" se traduzca en un "vehículo del cielo", y la palabra hebrea "Hashem" se refiera a "Dios en el cielo"?

EN.LIL que se traduce como "Señor del Viento o" Señor del Comando", controlaba la ciudad de Nippur. Las ruinas de Nippur todavía existen hoy (ver foto), 100 millas al sur de Bagdad. EN.KI se traduce como "Señor de la Tierra". Su ciudad fue Eridu, que se encuentra en la desembocadura de los ríos Tigris y Éufrates en el Golfo Pérsico. Enki creó al hombre. NIN.HAR.SAG era la hermanastra de Enki, quien ayudó a Enki en la creación del hombre. Su primera creación se llamó LU.LU, que se traduce de manera interesante en "uno que ha sido mezclado".

RUINAS DE NIPPUR HOY

Leon Bibi

Según el autor Gerald R. Clark, quien escribió "Los Anunnaki de Nibiru":

"Uno de los hallazgos más interesantes fue el Templo de Hathor en la cima del Monte Bíblico Sinaí. Dentro del templo se encontró un extraño polvo de talco blanco que aparentemente fue el resultado de la fundición de oro. Este hallazgo permite al re-descubrimiento de oro monoatómico por David Hudson. Estos superconductores a temperatura ambiente tienen propiedades antigravedad y se ha postulado que se han aprovechado para mover los grandes bloques de piedra utilizados en la construcción de templos. Además, hay pruebas claras de que los Anunnaki de una línea de sangre elegida estaban ingiriendo el oro monoatómico en forma de pasteles de pan cónico como se muestra en las paredes del templo de Hathor. Los ciclos orbitales más cortos en la Tierra estaban teniendo un efecto negativo en el ADN de Anunnaki; específicamente, los telómeros estaban siendo dañados por la radiación proximal cercana del sol. La ingestión de oro monoatómico tiene el efecto de "iluminar" el cuerpo energético humano, así como el suministro de un puente a otras dimensiones debido a la falta de masa atómica del proceso de recocido de varias pasadas aplicado al oro de fundición (de) " (pág. 39)

Al discutir El Portal y su conexión con el pueblo judío, Clark postula:

"Así, los judíos, descendientes de Jacob, estaban en una posición geográfica para ser promovidos como los guardianes del 'portal' que se construyó debajo del Monte del Templo en Jerusalén. Este portal único de Anunnaki se usó para viajeros VIP de alto nivel que visitaron la Tierra desde Nibiru como Anu. Este fue el enlace postdiluvial cielo-tierra. Anu visitó la Tierra utilizando este portal y se lanzaron varias misiones a Nibiru desde el Centro de Control de la Misión de Jerusalén... Es la humilde opinión del autor que el portal del Monte Horeb, similar al encontrado en Uruk, es la razón detrás de la obsesión del mundo con Jerusalén . Por lo tanto, proteger el acceso al portal, asumiendo que aún es funcional, sería de suma importancia en la Tierra, como lo demuestran las alianzas y maniobras entre los Estados Unidos e Israel en relación con sus enemigos percibidos". (¡Este autor está de acuerdo!)

El ADN es un misterio completo... sabemos su composición física, esencialmente su aspecto, y es una función básica (y uso ese término a la ligera). Es la gema oculta de la vida. El elixir, el diseño grandioso... pero lo que quizás no sepas, es que el ADN no solo se ve como una ola (o dos serpientes entrelazadas), sino que se comporta como una ola. Como cualquier onda, crea fuerza, una fuerza gravitacional. En "La clave de la sincronicidad", David Wilcock, un autor multidisciplinar extraordinario, habla sobre un científico en particular llamado Dr. Sergey Leikin, que ha estudiado el ADN de una manera nueva:

"En 2008, Leikin colocó varios tipos de ADN en agua salada ordinaria y etiquetó cada tipo con un color fluorescente diferente. Las moléculas de ADN codificadas por color se dispersaron como confeti por todo el agua. Para sorpresa de Leikin, las moléculas de ADN coincidentes viajaron el equivalente a miles de millas, dentro de su propio universo diminuto, para encontrarse unas a otras. En poco tiempo vio que grupos completos de moléculas de ADN se habían reunido... (Después de descartar los principios de atracción electromagnética), la gravedad se convierte en la respuesta más probable dentro de los campos de energía existentes conocidos por la ciencia moderna".

El ADN parece estar generando un efecto microgravitacional que atrae y captura la luz. Su función principal parece ser tanto absorber como transmitir luz. Casi podemos comparar una molécula de ADN con un cable de fibra óptica en miniatura. El almacenamiento de luz dentro de la partícula de ADN es lo que separa el tejido sano de nuestro cuerpo en tejido estresado o enfermo.

La historia parece ser cíclica y no lineal. El término "la historia se repite" es verdadero y puede ser probado. Desde el comienzo del "tiempo", se han producido ciclos de eventos durante ciertos períodos y luego se repiten. Se han escrito libros que prueban que los acontecimientos históricos que han ocurrido en el pasado han vuelto a suceder. El autor Michel Helmer escribió artículos para la revista francesa llamada "Les Cahiers Astrologiques" y presentó su teoría sobre la repetición cíclica de los eventos. La teoría argumentaba que el ciclo se basaba en el número ideal preeminente de 25.920 y sus factores. La aplicación de esta teoría permitió a Helmer hacer predicciones exactas, tanto económicas como políticas.

Mientras que los chimpancés no han mostrado ninguna mutación significativa en sus genes durante decenas de millones de años, los humanos sí lo han hecho. Si la teoría de la evolución de Darwin fuera cierta, entonces los humanos habrían descendido de los primates y sus genes habrían mutado para convertirse en humanos. Pero lo contrario es cierto: el principio clave de la evolución establece que las mutaciones exitosas son muy raras y que los procesos de selección natural favorecen la simplicidad sobre la complejidad. Entonces, ¿cómo nos convertimos en humanos?

El ADN se encontró en el meteorito Murchison que se estrelló contra el suelo en Australia en 1969. En un artículo publicado en Earth and Planetary Science en 2008, Zita Martins escribió lo siguiente:

"Presentamos datos de isótopos de carbono específicos del compuesto que indican que los compuestos de purina y pirimidina medidos son componentes indígenas del meteorito de Murchison. Las raciones de isótopos de carbono para uracilo y xantina, respectivamente, indican un origen no terrestre para estos compuestos... "

Martins creía que estas materias primas que se cree que fueron necesarias para crear las primeras moléculas de ADN y ARN parecen ser de origen extraterrestre (Hart - Alien Civilizations)

Leon Bibi

DIOSA ANUNNAKI NUTRIENDO A UN NIÑO
(HUMANO?) OBSERVE LAS BARRAS ESPIRAL-
FORMADAS QUE REPRESENTAN EL DNA

Origen de la tierra

DE ACUERDO CON el resumen de Sitchin sobre el origen de Sitchin en la Tierra

"La interpretación revisionista de Sitchin del texto sumerio afirma que hace más de cuatro mil millones de años, los planetas Mercurio, Venus y Marte estaban más cerca del sol. Un gran mundo acuoso llamado Tiamat estaba en órbita entre Marte y Júpiter. Nibiru, un gran planeta rebelde que en teoría viaja en órbita elíptica, entrando en nuestro sistema cada 3.600 años, llegó y casi perdió a Tiamat. Tiamat se resquebrajó bajo las tensiones gravitacionales. En un paso posterior de Nibiru- en las primeras obras de Sitchin, se refiere a este orbe por su nombre babilónico Marduk-Tiamat se partió por la mitad cuando una de las lunas de Nibiru se estrelló en el planeta.

"La colisión de la luna de Nibiru y Tiamat golpeó una gran parte de Tiamat más allá de Marte, arrancando su atmósfera y trozos de materia de varios tamaños. Estos fragmentos de Tiamat permanecieron en su órbita original, convirtiéndose en el conocido cinturón de asteroides, o el Brazalete o Firmamento Hammered, como lo llamaron los Antiguos. La gran porción de Tiamat fue golpeada en una nueva órbita más cerca del sol. Esta porción más grande, que retiene gran parte del agua del planeta y el material que transporta desde Marte, se fusionó, se enfrió y comenzó a orbitar entre Marte y Venus, convirtiéndose en la Tierra. Fue acompañado por una de las lunas de Nibiru (Kingu), que fue capturada por la gravedad de la Tierra y se convirtió en nuestro propio satélite (autor - Luna). Algunos dicen que la gran gubia que sale de la Tierra que ahora abarca el Océano Pacífico, es donde se rompió esa parte de Tiamat". (Marrs-pgs. 11-12)

Según el gran Francis Crick-

"La vida no evolucionó primero en la Tierra; una civilización altamente avanzada se vio amenazada, por lo que idearon una forma de transmitir su existencia. Ellos modificaron genéticamente su ADN y lo enviaron desde su planeta en bacterias o meteoritos con la esperanza de que colisionara con otro planeta. Lo hizo, y es por eso que estamos aquí. La molécula de ADN es el sistema de almacenamiento de información más eficiente de todo el universo. La inmensidad de la información compleja y codificada en secuencia precisa es absolutamente asombrosa. La evidencia de ADN habla de un diseño inteligente que contiene información."(Marrs - págs. 15-16)

Lou Allamandola, de la NASA, publicó sus resultados en la revista británica New Scientist en 1998, demostrando que podía crear moléculas complejas en un laboratorio. Todo lo que se necesita son nubes de gas en el espacio interestelar. Sin embargo, cuando trató de hacer lo mismo en circunstancias terrestres, fue imposible. Esto contradice el concepto principal de crear vida a partir de ingredientes fangosos en una piscina. Descubrió que los lípidos que forman las paredes de las células individuales eran necesarios para formar la célula y no podían producirse en circunstancias terrestres. Las implicaciones de esto sugieren que la vida es rampante y puede reproducirse fácilmente en estas nubes de gas en el espacio. Una vez que se originó la vida, se puede suponer que fue transportada por cometas a otros cuerpos. "Empiezo a creer realmente que la vida es un imperativo cósmico" - Lou Allamandola - "La conspiración de Stargate" - Picknett y Prince

Nibiru se llama el planeta de la travesía, porque su órbita cruza el sistema solar entre Marte y Júpiter.

La evidencia de Nephilim en la Tierra se encuentra en el Parque Nacional Canyon de Chelly en Arizona. Después de un gran lavado de lluvias torrenciales, surgieron varios esqueletos. Todo el trabajo que contiene este hallazgo fue supervisado por personal de la Institución Smithsonian y el FBI. Sin embargo, uno de los empleados del Servicio de Parques envió un correo electrónico sobre los restos de una de las tumbas de la siguiente manera:

"Macho, aproximadamente siete pies de altura, (con) seis, y seis dedos"

Curiosamente, las representaciones de los Anunnaki y Nephilim en Egipto representan gigantes altos, musculosos y de huesos gruesos con barbas que tenían seis dedos y seis dedos.

En febrero de 2012, un satélite de China llamado "Chang'e-2" publicó fotos de una base alienígena en la Luna, según www.messagetoeagle.com. Parece que China está tratando de socavar a la NASA confirmando el hecho de que la NASA tiene y continúa a punto de repasar detalles sensibles de las fotos de la luna.

"Una fuente me envió algunas fotos que dicen que China lanzará imágenes de alta resolución tomadas por el orbitador lunar Chang'e-2 que muestran claramente los edificios y las estructuras en la superficie lunar. También afirma que la NASA ha bombardeado deliberadamente áreas importantes de la luna en un esfuerzo por destruir artefactos e instalaciones antiguas... "(www.messagetoeagle.com) - Astrada - The" Nonsense Papers "

Citas-

"Nos encontramos frente a poderes que son mucho más fuertes de lo que habíamos asumido hasta ahora, y cuya base en el presente es desconocida para nosotros. No puedo decir más en este momento, ahora estamos comprometidos a entrar en contacto más cercano con esos poderes"- Wernher Von Braun - ex físico nuclear nazi.

"No podemos tomar crédito por nuestro avance récord en ciertos campos científicos. Hemos sido ayudados por los pueblos de otros mundos. Los platillos voladores son reales y las naves espaciales son de otro sistema solar". - Hermann Oberth - ex experto de la NASA y propulsión de cohetes.

Hay "naves no terrestres" que orbitan el planeta Tierra, con "oficiales no terrestres" transferidos a estas naves junto con "carga fuera del mundo" - Gary McKinnon - famoso pirata informático del 2001 en las computadoras de la NASA y del Departamento de Defensa.

Por encima de los "papeles sin sentido" - Astrada

También he leído sobre vuelos desde islas remotas de los EE. UU. En el Pacífico a estos "buques no terrestres" y creo que es bastante factible hacerlo.

En 1924, el destacado arqueólogo William F. Albright descubrió las ruinas de una antigua ciudad en el lado jordano del Mar Muerto. El sitio era conocido como Babe dh-Dhra, "se reunió con algún tipo de desastre alrededor de 2350 AC. Los arqueólogos no pueden decir con certeza, pero ahora están considerando la posibilidad de que puedan ser ruinas de Sodoma. Se encontraron huesos humanos bajo los escombros de una enorme torre que había caído, y había evidencia de que los muros de la ciudad se habían derrumbado. Se encontró una capa de ceniza, lo que sugiere que la ciudad posiblemente haya sufrido un incendio importante". ¿Estaba cerca Gomorra?

Bueno, "en 1973, el Dr. Thomas Schaub de la Universidad de Indiana en Pennsylvania y el Dr. Walter Rast de la Universidad de Valparaiso en Indiana, descubrieron un sitio llamado Numeira, siete millas al sur, con cerámica idéntica a la de Babe dh = Dhra. La ciudad parecía haber sufrido el mismo destino que Babe dh-Dhra, ya que sus paredes y edificios se habían derrumbado. El sitio también reveló evidencia de quema masiva, y la datación por carbono estableció el momento de su desaparición como el momento exacto como Bade dh-Dhra". - Roberts -" De Adán a Omega"

La pregunta clave con respecto a la evolución es esta: ¿Fue esta Gomorra?

EVOLUCIÓN

¿Por qué el hombre ha evolucionado tan rápidamente en los últimos 50,000 años, cuando su proceso normal había estado prácticamente estancado durante los millones de años anteriores? Si Darwin tenía razón, ¿por qué no se habían producido cientos de cambios e inventos durante esos millones de años? No se suma. Debe haber habido alguna inyección de evolución intensa en el ADN del hombre. La "curva de aprendizaje" no podría haber aumentado tan dramáticamente por sí misma sin ningún impulso.

La teoría de Lamarck de que las criaturas evolucionaron porque "querían", es muy diferente a decir, porque "tenían que hacerlo". Darwin estuvo de acuerdo con Lamarck, pero dijo que "querer" no era el componente clave para el cambio. Sir Julian Huxley, que era darwiniano, declaró que el hombre se ha convertido en el "director gerente de evolución", lo que significa que tiene el control total de su evolución. Él disfruta el cambio. Él construye mejores casas y herramientas. No está satisfecho con la tecnología de ayer. Él quiere más. Es cierto que la capa superior del cerebro humano, la corteza cerebral, ha sido la fuente del desarrollo del hombre durante los últimos 500,000 años. Esta región del cerebro se ha desarrollado más. El lado izquierdo del cerebro es el "científico", especializado en el habla, la lógica y la razón. ¡El lado derecho es el "artista", especializado en reconocimiento de formas, música y telepatía! Sí, telepatía. Esta es una característica que creo que es parte del 90% de nuestros cerebros actualmente no usamos lo suficiente, y que muchas personas aquí en la tierra, incluyéndome a mí, tienen la capacidad innata de usar en una escala muy, muy pequeña. Soy capaz de "leer la mente de alguien", muchas veces sin intentarlo. Me han dicho que tengo Percepción Extrasensorial, y lo creo. Es algo con lo que nací y siento que es parte de mi "maquillaje". Pero realmente no tengo control completo sobre eso. Viene en oleadas y es inconsistente. También soy un músico profesional consumado y siento que estas dos características están interrelacionadas y entrelazadas en mi "maquillaje sensorial".

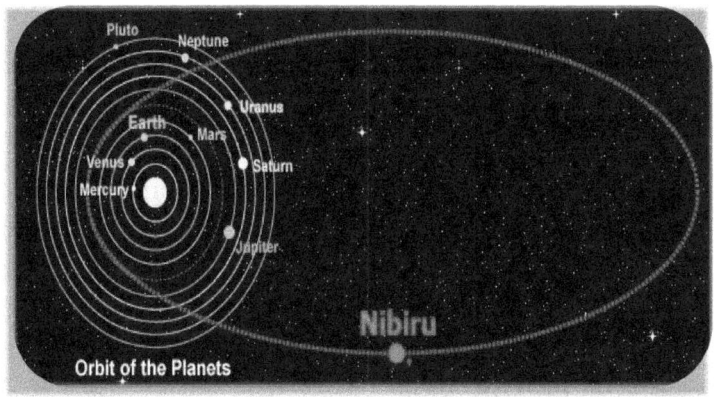

ÓRBITA DE NIBIRU

Leon Bibi

Los orígenes de Adán

"...¿Cómo podría aparecer el Homo sapiens, hombre moderno, en el sureste de África hace unos 300,000 años durante la noche (en términos antropológicos), cuando los avances evolutivos de los simios a los homínidos, y en las especies de homínidos desde Australopithecus a Homo habilis a Homo erectus, etc. , tomó millones y millones de años?"- Sitchin

"Al mezclar genes extraídos de la sangre de un dios con la esencia de un ser terrenal existente, 'El Adán' fue diseñado genéticamente. "No había un Eslabón Perdido en nuestro salto del Homo erectus al Homo sapiens, porque los Anunnaki saltaron el arma en la Evolución a través de la ingeniería genética". - Sitchin

¿No es interesante que cuando Enki y Ninmah crearon a los primeros humanos, la Biblia se refiriera a esto como "soplando el aliento de vida" en las fosas nasales de Adán? (Génesis 2: 7). Ninmah fue referida como Mami (la Madre) - obviamente el origen de nuestra "mamá". Enki fue considerado como "la Serpiente" en los versos bíblicos, posiblemente como un simbolismo masculino fálico, o como el oponente de Enlil que era considerado el verdadero "dios" en ese momento. Pero el símbolo de la serpiente entrelazado ha continuado hoy para representar las bobinas de ADN y el símbolo de "medicina".

Citas de Alan Alford

Alan F. Alford fue un investigador y autor independiente, a quien se reconoció cada vez más como la principal autoridad mundial en mitología antigua y el significado esotérico de las religiones antiguas y modernas.

❖ ¿Cómo se transformó repentinamente el Homo erectus en Homo sapiens hace 200,000 años con un aumento inmediato del 50% en el tamaño del cerebro y de repente tuvo la capacidad de hablar? Especialmente cuando después de 1,2 millones de años, no hubo ningún progreso...

❖ Machu Picchu se usó para el mismo propósito que Stonehenge: "ambos sitios están conectados al cambio procesional de la era de Tauro a Aries hace más de 4.000 años". (Alford - pág. XVI)

❖ Todos estamos a merced de los traductores de las historias / mitos bíblicos.

❖ Hay varios casos en que el Señor hace apariciones físicas en lugar de espirituales, lo que sugiere que, de hecho, fue hecho de carne y hueso. Un ejemplo es Sodoma y Gomorra, donde el Señor tuvo que descender (físicamente) para evaluar la situación, luego usó un medio físico (azufre y humo) para destruir a la gente.

❖ La prueba de las "múltiples deidades" en la Biblia se evidencia en el hecho de que los israelitas se comprometieron a adorar a un solo dios, Enlil, y no a los otros dioses, como Yahweh. la palabra "Elohim" es el plural de "El", o El Señor.

❖ El "barro" del cual el hombre fue creado puede tomarse muy en serio. El primer tubo de ensayo del hombre estaba hecho de arcilla.

❖ La palabra "costilla" de la cual Dios tomó para hacer Eva, en realidad era la palabra sumeria "TI" que también significa "vida". Por lo tanto, Eva no fue creada físicamente de la costilla de Adán, sino de la esencia de la vida de Adán. esto básicamente se refiere al ADN de Adán.

❖ El texto antiguo original se llamaba "Atra-Hasis" y lleva el nombre de su héroe. El texto discute todo el proceso del nacimiento de Eva y se parece mucho a nuestro proceso actual de clonación. El nombre original de Eva era "LU.LU", que significa "el mixto" en sumerio, lo que demuestra que era un híbrido de los dioses (humanoides) y un primitivo homínido (hombre de Cro-Magnon)

❖ El Atra-Hasis describe cómo los otros "dioses" se rebelaron contra su líder: Enlil (el único dios hebreo).

❖ Los hebreos se refieren a los OVNIs como "carros", simplemente porque estaban sin litoral y nunca habían visto ningún otro dispositivo móvil que no fuera un carro. Los egipcios que habían viajado por mar y habían construido barcos que navegaban en los mares, se referían a ellos como "barcos del cielo", y los chinos se referían a ellos como "dragones".

CAPÍTULO 6

ADN

El código espiral

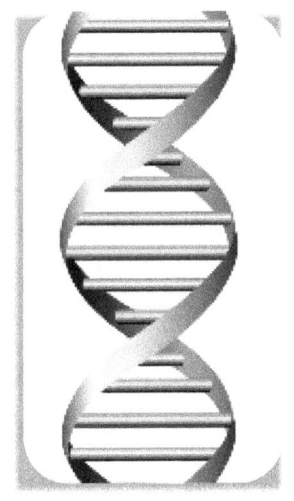

ADN-EL CÓDIGO ESPIRAL

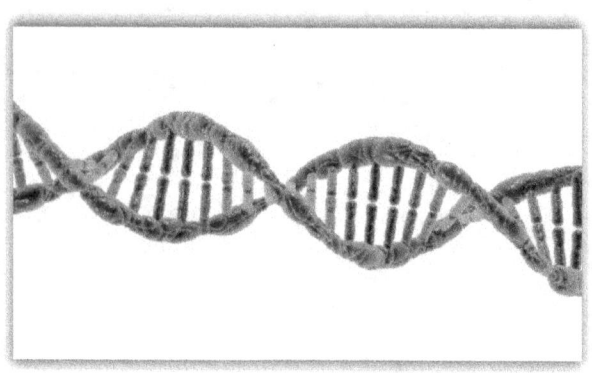

ENKI DESCRIBE EL ADN COMO LA "Esencia de la moda", "similar a la nuestra, como dos serpientes, está entrelazada". ¿Cómo puede ser esto? ¿Cómo puede una tableta de arcilla de 7000 años de antigüedad describir la naturaleza espiral de dos cadenas de ADN? ¿Cómo pudo el autor haber sabido esto? ¿Cómo pudo esto haber sido un fraude? Es una prueba positiva de que los Anunnaki, específicamente Enki, conocían la composición del ADN. Es por eso que hay tantas representaciones de serpientes en la Biblia. Son representantes del ADN. Cuando su hermano Enlil le recordó que no eran más que esclavos, Enki responde: "No son esclavos, ¡pero los ayudantes son mi plan!". "¡No es una criatura nueva, pero existe una más en nuestra imagen (referencia a" hecho en nuestra imagen "otra vez!) Y" solo se necesita una gota de nuestra esencia".

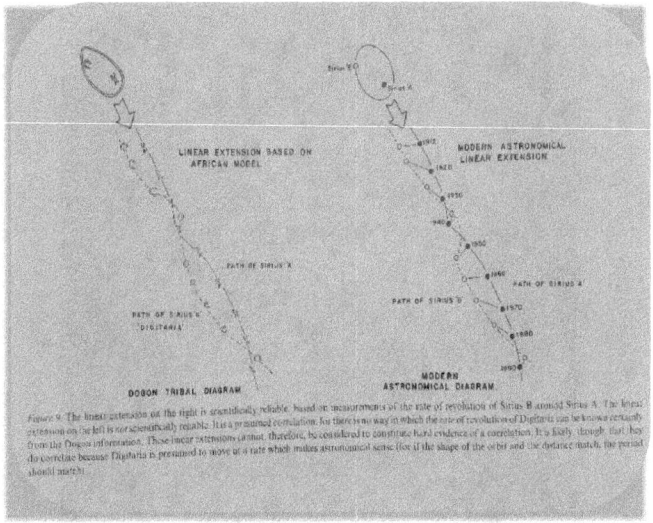

TRIBU DE LOS DOGOS DE IZQUIERDA EN
ÁFRICA DIBUJO DE DONDE VINIERON SUS
FABRICANTES (DIOSES). ÓRBITAS DERECHO-
REALES DE SIRIUS A Y SIRIUS B. INCREÍBLE
PARECIDO. ¿CÓMO PUEDE SER UNA
COINCIDENCIA?

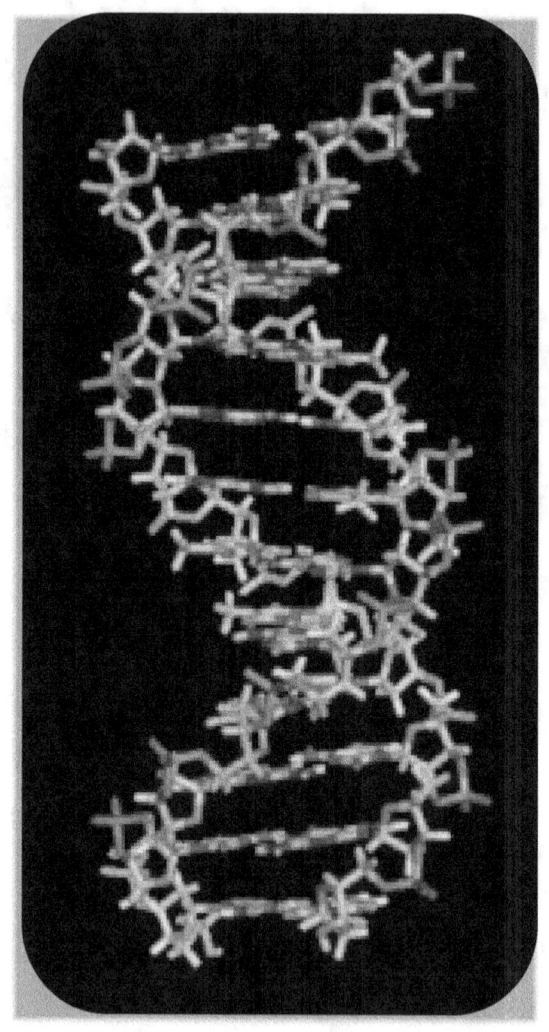

ADN

COMPARACIÓN DEL SÍMBOLO DE LA DNA DE
ANUNNAKI (A LA DERECHA) CON EL SÍMBOLO
MÉDICO DE HOY DE CADUCEO PARA LA
MEDICINA (A LA IZQUIERDA)

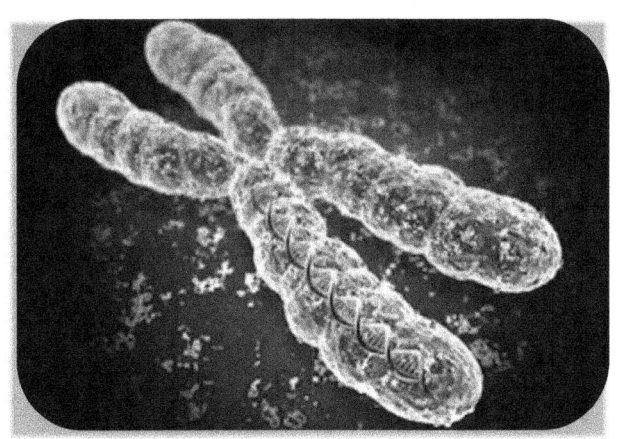

CROMOSOMA

Leon Bibi

SELLO DE CILINDRO SUMERIA QUE
REPRESENTA ANUNNAKI DIOSES "ENLIL Y
ENKI"

ESPIRAL DE LA GALAXIA DE LA VÍA LÁCTEA

ADN

El ADN es un misterio completo... sabemos su composición física, esencialmente su aspecto, y es una función básica (y uso ese término a la ligera). Es la gema oculta de la vida. El elixir, el diseño grandioso... pero lo que quizás no se sepa, es que el ADN no solo se ve como una ola (o dos serpientes entrelazadas), sino que se comporta como una ola. Como cualquier onda, crea fuerza, una fuerza gravitacional. En "La clave de la sincronicidad", David Wilcock, un autor multidisciplinar extraordinario, habla sobre un científico en particular llamado Dr. Sergey Leikin, que ha estudiado el ADN de una manera nueva:

"En 2008, Leikin colocó varios tipos de ADN en agua salada ordinaria y etiquetó cada tipo con un color fluorescente diferente. Las moléculas de ADN codificadas por color se dispersaron como confeti por todo el agua. Para sorpresa de Leikin, las moléculas de ADN coincidentes viajaron el equivalente a miles de millas, dentro de su propio universo diminuto, para encontrarse unas a otras. En poco tiempo vio que grupos completos de moléculas de ADN se habían reunido... (Después de descartar los principios de atracción electromagnética), la gravedad se convierte en la respuesta más probable dentro de los campos de energía existentes conocidos por la ciencia moderna".

La proporción de carbono 13 a carbono 12 (que es de lo que se compone la Tierra) en el meteorito Murchison es el doble que en la Tierra, lo que sugiere que la abundancia de agua es de hasta el 20% (frente a menos del 1%) más probable que los compuestos responsables de la producción de agua en la Tierra. ¡Estas comparaciones sugieren que, de donde vinieron originalmente estas rocas, tenían una mayor abundancia de compuestos de agua y carbono que nuestro planeta!

El telescopio Kepler que se lanzó en 2009 descubrió 1.235 planetas alienígenas capaces de vida, 68 de los cuales son del tamaño de la Tierra, y 19 de los cuales son más grandes que Júpiter.

El oxígeno molecular fue descubierto por el Observatorio Espacial Herschel de la Agencia Espacial Europea en 2009 en Orion.

FRANCIS CRICK DEMOSTRANDO LA ESPIRAL DE ADN

Leon Bibi

Diseño inteligente

"Si la ciencia se trata de seguir la evidencia a donde sea que vaya, entonces ¿por qué deberían los científicos descartar a priori la posibilidad de descubrir evidencia o diseño sobrenatural?" - Phillip Johnson, profesor de derecho de Berkeley

El dilema de Darwin:

Percepción mundial de la vida

➤ 10,000 a.c. - 500 a.c. - Los dioses
➤ 500 a.c. - 1859AD - Un Dios
➤ 1859AD - 1957AD - Teoría de Darwin
➤ 1957AD - presente - Teoría de Crick

La teoría de la selección natural tiene algunos problemas importantes. Primero, el Homo sapiens tiene solo 46 cromosomas, mientras que los chimpancés tienen 48. ¿Cómo se fusionan los dos cromosomas? No puede explicarse por mutación genética. Entonces, ¿cómo ocurrió? Con la excepción de los virus, la evolución es un proceso muy lento, que se lleva a cabo durante cientos de miles o incluso millones de años. Pero la evolución de primate a Homo sapiens ocurrió como si fuera de la noche a la mañana. ¿Cómo pasó la evolución en 2.000.000 años de primates trepadores de árboles a un homo sapiens que envía cohetes al espacio mientras sus supuestos primos más lentos aún saltan de árbol en árbol?

Incluso Crick, el co-descubridor de la molécula de ADN, postuló que la molécula de ADN era demasiado compleja para surgir únicamente a través de la evolución natural. El "eslabón perdido" nunca se "encontrará" porque el homo sapiens no es el producto de la evolución natural, somos el producto de la ingeniería genética visto por el tamaño del cráneo humano y las diferencias únicas entre el ADN del primate y el humano. Los sumerios, por lo tanto, no fueron el comienzo de una cultura humana civilizada, fueron el comienzo de una serie de "ajustes" extraterrestres de homo sapiens, y el punto de referencia para una mayor inteligencia humana generada por nuestros creadores extraterrestres.

El autor Laurence Gardner expresa esto de la mejor manera en su libro "Génesis de los Reyes del Grial" cuando escribe:

"En 1871, al publicar su" Descenso del hombre ", Charles Darwin acuñó la expresión "eslabón perdido" en relación con una anomalía percibida en la progresión evolutiva humana. Había una incoherencia innegable en el supuesto linaje que, al principio, parecía una brecha en la secuencia, pero pronto se dio cuenta de que no había brecha, un vínculo simple e inexplicable".

"El hombre tardó más de un millón de años en pasar del uso de piedras cuando las encontró hasta que se dio cuenta de que podían astillarse y hacer escamas para un mejor propósito. Luego pasaron otros 500,000 años antes de que Neanderthal Man dominara el concepto de herramientas de piedra, y otros 50,000 años antes de que se cultivaran los cultivos y se descubriera la metalurgia. Tal fue el largo

Leon Bibi

y arduo proceso natural que llevó a la humanidad a aproximadamente 5000 a.c. Por lo tanto, a todas las escalas de cómputo evolutivo, todavía deberíamos estar muy alejados de cualquier comprensión básica de matemáticas, ingeniería o ciencia, pero aquí estamos, solo 7000 años después, las sondas de aterrizaje en Marte".

La evidencia de Darwin se basó en la evidencia de los siguientes hallazgos:

1. LUCY - encontrado en 1974 en Etiopía. Ella vivió hace entre 3.6 y 3.2 millones de años.
2. AUSTRALOPITHECUS RAMIDUS - encontrado en 1994 en Etiopía. Vivió hace 4.4 millones de años.
3. ANAMENSIS DE AUSTRALOPITHECUS - encontrado en 1995 en Kenia. Vivió de 4,1 a 3,9 millones de años.

Evidencia adicional sugiere que la característica clave en los tres hallazgos es que sus cráneos se parecen más a los chimpancés que a los hombres. Entonces, en los tres casos, uno no puede mostrar con confianza un linaje directo al hombre. El eslabón perdido sigue siendo un misterio. En 1995, The New York Times, edición de domingo destacó:

"Sus relaciones entre sí permanecen nubladas en el misterio y nadie ha identificado de manera concluyente a ninguno de ellos como el primer homínido que dio origen al Homo sapiens".

Alan Alford plantea una excelente pregunta.

"¿Por qué Homo sapiens ha desarrollado inteligencia y autoconciencia mientras sus primos simios han pasado los últimos 6 millones de años en el estancamiento evolutivo? "(Alford - pág. 47)

El Homo erectus sobrevivió 1.2 millones de años sin ningún cambio aparente y luego desapareció misteriosamente. Pero en el proceso, solo UN tipo de Homo erectus logró sobrevivir. ¡Ese era el Homo sapiens cuyo cerebro había aumentado de 950cc a 1450cc durante la noche! Este cambio repentino desafía todas las leyes de la evolución. Hay evidencia adicional de que el Homo sapiens coexistió con neandertales entre 100.000 y 90.000 años atrás. La evidencia adicional sugiere que, incluso si los Homo sapiens hubieran desarrollado sus cerebros en un grado tan grande, el 50%, como resultado de la necesidad de "ser más astuto" o usarlos con fines complejos... ¿Que quién estaban tratando de ser más astutos? ¿Quiénes eran sus competidores? ¿Qué rival hizo que la capacidad intelectual fuera una herramienta tan esencial para el desarrollo de la supervivencia? Los neandertales se extinguieron y no se criaron con Cro-Magnon, Homo sapiens. El homo sapiens de Cro-Magnon no descendía de los neandertales, eran una raza completamente diferente con estructuras de ADN completamente diferentes. Parece que los homo sapiens modernos han descendido de los Cro-Magnon afro-asiáticos.

Segundo (¡y esto es realmente importante!) - Darwin pidió que aparecieran "innumerables formas intermedias" en el registro fósil. En 1859, como en la actualidad, hay una ausencia total de estas formas de transición. De todos los descubrimientos fósiles, ninguno ha podido sustentar la teoría de Darwin que vincula al hombre y al mono durante 115 años. ¡Cero! Los tiburones pequeños se han convertido en tiburones más grandes, ningún tiburón ha evolucionado hasta convertirse en un anfibio. Algunas evidencias de la falta de estas formas son las siguientes:

- los biólogos han buscado una mezcla de bacterias en otra, pero no existe ninguna mezcla
- la evidencia de Darwin sobre la evolución de los pinzones resultó en tres variedades diferentes de pinzones, pero no en nuevas especies de aves
- el registro fósil en realidad revela que cada clase, orden, género o especie simplemente aparece, no se ha transformado en otra

Incluso en 1871, el mayor crítico de Darwin, San Jorge, dijo lo siguiente:

"La selección natural no armoniza con la coexistencia de estructuras muy similares de origen diverso. Se ha encontrado que ciertas diferencias específicas han aparecido repentinamente en lugar de gradualmente, y hay muchos fenómenos notables en las formas orgánicas sobre los cuales la Selección Natural no arroja ninguna luz".

En la caja negra de Darwin, Michael Behe demuestra que la evolución darwiniana es inviable a nivel molecular. Que la historia de la biología sugiere una serie de procesos evolutivos de caja negra, que se mantienen dentro de ciertos límites y fronteras. No se cruza de una línea a otra, como los monos a los humanos. Las mutaciones aleatorias y la selección natural no pueden crear humanos a partir de monos.

Los neandertales aparecieron hace unos 200,000 años, alcanzaron un máximo de 75,000, disminuyeron en 35,000 y luego se extinguieron en 30,000. Cro-Magnons, sin embargo, prosperó.

El diseño inteligente plantea la hipótesis de que una "inteligencia no evolucionada" encarna los verdaderos orígenes del hombre. Algunos científicos creen que el diseño inteligente funciona con una forma limitada de evolución, otros creen que el diseño inteligente niega cualquier participación de la evolución (darwiniana). Pero, según William A. Dembski y Michael Ruse, "...estos desacuerdos son menores en comparación con la creencia compartida de que debemos aceptar que la naturaleza que opera mediante mecanismos materiales y se rige por leyes naturales ininterrumpidas, no es suficiente... El problema es que la selección natural no puede explicar su propio éxito"(" Diseño de Debate "- Dembski y Ruse).

En la caja negra de Darwin, Michael Behe "argumentó que la complejidad irreducible de ciertos sistemas bioquímicos confirma convincentemente su diseño real" (Behe).

"A la luz de la información recopilada hasta el momento, parecería que en tantos casos los antropólogos, durante el siglo pasado, han estado haciendo un estudio riguroso de los antepasados que nunca tuvimos. En su mayor parte, han estado grabando generaciones de simios prehistóricos que en realidad fueron los antepasados de los simios de hoy, y no tenemos nada que ver con la humanidad final". (Gardner, pág. 75)

Leon Bibi

CAPÍTULO 7

¿Religión?

Leon Bibi

¿Religión?

"La religión es considerada por la gente común como verdadera, por el sabio como falsa, y por los gobernantes como útiles". Séneca el Joven - Filósofo romano

"Seguramente el asno que inventó la primera religión debería ser el primer condenado". - Mark Twain

"El mundo tiene dos clases de hombres: hombres inteligentes sin religión y hombres religiosos sin inteligencia" - Abu Ala Al-Maari (poeta de Oriente Medio)

"Con toda esta oración continua, ¿por qué no hay resultado? (La religión) tergiversa completamente los orígenes del hombre y el cosmos... La literatura, no las escrituras, sostiene la mente"

"Creemos con certeza que una vida ética se puede vivir sin religión, y sabemos a ciencia cierta que el corolario es cierto: que la religión ha hecho que innumerables personas no solo se comporten mejor que otras, sino que se otorguen permiso para comportarse" en formas que harían que un encargado de burdeles, o un limpiador étnico, alce una ceja".

"La religión se ha quedado sin justificaciones. Gracias al telescopio y al microscopio, ya no ofrece una explicación de nada importante. Donde una vez solía ser capaz, por su dominio total de una cosmovisión, para prevenir el surgimiento de rivales, ahora solo puede impedir y retrasar, o intentar retroceder, los avances medibles que hemos hecho". - Christopher Hitchens - "Dios no es grande"

¿POR QUÉ LA RELIGIÓN ORGANIZADA está en declive en todo el mundo? ¿La religión organizada realmente promueve la iluminación, o es inevitablemente un mecanismo de control de la esclavitud? Muchas religiones de hoy engendran hipocresía e intolerancia. La vergüenza, la culpa y el pecado son los puntos de referencia de muchas de nuestras religiones. La división entre las religiones es la causa de muchas guerras en todo el mundo. Muchas religiones están completamente fuera de contacto con la sociedad moderna. Casi el 10% de los Estados Unidos es ateo o agnóstico.

Hay varias descripciones dentro de la Biblia que sugieren a los OVNIs y los Anunnaki-

Leon Bibi

¿RELIGIÓN?

Cuando Moisés le habló a Dios en la zarza ardiente en la cima del monte. Sinaí, ¿por qué su rostro "brillaba" tanto que su gente no podía mirarlo y se vio obligado a usar un velo? ¿Fue quemado? ¿No se puede sugerir que fue irradiado? ¿Estaba sufriendo por la exposición al microondas? ¿No podría interpretarse la zarza ardiente como un OVNI? Creo que Moisés entró en un OVNI en la cima de esa montaña y, de hecho, estuvo expuesto a la radiación.

Cuando Ezequiel tuvo un sueño y tomó una "Escalera al cielo", ¿no se podría interpretar que esto también ha entrado en un OVNI? La siguiente es una cita directa de la Biblia en Ezequiel, La Gloria del Señor:

"Mientras miraba, he aquí, un viento tempestuoso salió del norte, y una gran nube, con un brillo a su alrededor, y un fuego brillaba continuamente, y en medio del fuego, como si fuera un metal reluciente".

¿Metal reluciente? ¿Dónde encontramos el metal reluciente en el año 2000 a.C.? ¿No es esto una referencia directa a un aterrizaje OVNI? Incluso se puede interpretar como "escape de fuego" como el escape de su propulsión, ¿no es así? Leer más...

"Y sobre la expansión sobre sus cabezas había la semejanza de un trono, en apariencia de zafiro; y sentado sobre la semejanza de un trono era una semejanza con una apariencia humana "

Ahora, espere un minuto... ¿Dijo Ezequiel "una apariencia humana"? ¿Cómo es eso posible? ¿Cómo puede un ser parecido a un ser humano estar "sobre sus cabezas" y

Leon Bibi

sentarse en un "trono"? En primer lugar, si la apariencia era humana, entonces no podría ser un Dios etéreo. En segundo lugar, si era un trono, ¿cómo puede un Dios etéreo sentarse sobre él? Ahora, podría argumentar que era la "semejanza" de un trono y no un trono real... y estaría en lo cierto... pero ¿para qué necesitaría un trono un Dios etéreo? ¿Por qué un Dios etéreo necesita sentarse en una silla? En mi opinión, Ezequiel vio a un ser humano sentado en una silla con respaldo alto en un OVNI.

Se plantean preguntas más importantes: si Dios creó al hombre "a su imagen", entonces, ¿cómo puede "Dios" ser etéreo? ¡Dios de la Biblia debe ser humano! Creo en el concepto de la gran "G" y la pequeña "g". La gran "G" es la entidad etérea, no corpórea, que es el creador de todas las cosas (incluidos los Anunnaki), mientras que la pequeña "g" de la Biblia representa a los humanoides en forma de dios plurales que nos crearon.

1. Dios no intervino durante el Holocausto cuando millones de personas asesinaron a su "Pueblo elegido".
2. El sumerio "Atra Hasis" fue escrito más de mil años antes del Antiguo Testamento.
3. Enlil les dijo a los judíos que él era Dios, pero mintió, también mintió cuando le dijo a Adán y Eva que "seguramente morirían" si comían la fruta del Árbol Prohibido, pero no murieron.
4. Fuimos creados por los Anunnaki, utilizados como esclavos para extraer oro, y luego fuimos atacados cuando "nos pusimos demasiado listos" o superpoblados.

5. Hemos sido condicionados, y nuestro crecimiento espiritual se ha retrasado como resultado de la religión.
6. El "Eslabón perdido" solo existe porque los Anunnaki nos manipularon genéticamente. No hay enlace, porque el enlace fue CAMBIADO por humanoides
7. La "verdad" que nos educaron para creer comienza muy joven y se arraiga en nuestra psique. Crecemos en una religión, creemos que es la única "correcta" por alguna razón u otra, nos casamos con esa religión, criamos a nuestros hijos de acuerdo con los valores de esa religión, nos asociamos con personas de esa religión, etc. etc. ¿Para qué? ¿Para quién? ¿Por Dios?
8. "Adoración" se traduce en la antigüedad como "para trabajar", no para "alabar".
9. "La Hermandad de la Serpiente" son seguidores de Enki que se esfuerzan por eliminar la "esclavitud" de la raza humana de los "dioses pretendientes" como Enlil.
10. La palabra "Elohim" del Antiguo Testamento es un término plural, que significa dioses o una asamblea de dioses.
11. El Mar Muerto en Israel está muerto a causa de una explosión nuclear. La evidencia se encuentra en la creación física de una barrera de arena en forma de lengua llamada El-Lissan, de la cual se han eliminado las aguas del mar de sal preexistente.

La historia de la Torre de Babel, según Jack Barranger en "Shock pasado", no tiene sentido. "Según Sitchin, lo

Leon Bibi

anterior es un informe mucho más preciso de la historia de la Torre de Babel que la historia de un grupo de "extraviados" humanos, que simplemente estaban tratando de construir una torre alta para alcanzar a Dios. Esta es la versión de escuela dominical comúnmente aceptada. Si Dios ya estaba allí en su presencia, ¿por qué estos humanos sintieron la necesidad de construir una torre para acercarse a Dios? Esto simplemente no computa"- Past Shock - Barranger pág. 43

Continúa: "Nuestros creadores fueron depravados emocionalmente y en bancarrota espiritual. Vieron la creciente inteligencia de sus creaciones como una amenaza. Entonces, "el Señor" en toda su "sabiduría" y "compasión" crea tal confusión que estos humanos ya no pueden comunicarse entre sí. Esta es la primera caída registrada intencionalmente de la historia" (pág. 44)

Aquí hay una cita interesante de la Torá (Biblia hebrea):

"Los Nefilim estaban sobre la Tierra, en aquellos días y también después, cuando los hijos de los dioses cohabitaron con las hijas de Adán, y les dieron hijos. Eran los poderosos de la eternidad, la gente del shem".

Note el uso de la frase "cuando los hijos de los dioses" - plural. No Dios, o el hijo de Dios, hijos de los dioses. Hay una razón para esto... la Torá está hablando sobre los Anunnaki (dioses) y los Nephilim (ángeles, o ET de nivel inferior). Me parece muy interesante que se mencionen como "la gente del shem" por dos razones. Hashem - es el nombre del dios hebreo según la Torá. Un "shem" en lengua sumeria significa un "cohete". Entonces, tomo Hashem (el dios hebreo) para referirme literalmente a los

Nephilim en los cohetes. Entonces, este verso básicamente significa que los Nephilim (hijos de los dioses), bajaron en sus cohetes y tuvieron relaciones sexuales con las mujeres humanas de la tierra, que tuvieron sus bebés.

Leon Bibi

CAPÍTULO 8

El libro y la misión.

El consejo de los nueve

DR. ANDRIJA PUHARICH, un médico estadounidense nacido en Chicago de ascendencia yugoslava, afirma tener habilidades paranormales. El Dr. Puharich es el mentor de Uri Geller (conocido psíquico). El Dr. Puharich afirma haber convocado a un extraterrestre que se identificó como "M". "M" afirma ser miembro del Consejo de los Nueve. Nueve principios y fuerzas de la naturaleza. M le dijo a Puharich-

"Dios no es nadie más que nosotros juntos, los Nueve Principios de Dios. No hay otro Dios que no sea lo que estamos juntos "-" La conspiración de Stargate "- Picknett y Prince

¿Los Nueve dicen que han dejado un "Libro del conocimiento" en Egipto (bajo las patas de la Esfinge? - comentario del autor) hace 6.000 años. Ellos dicen ser el "Elohim" del Antiguo Testamento, y que se originaron en el planeta Sirio. (Ver comentarios sobre el libro de Robert Temple - El misterio de Sirius)

La Torre de Babel es un intento de construir una nave espacial, no solo un edificio alto. Estábamos tratando de imitar una nave espacial, similar a las usadas por los Anunnaki, o lo que se menciona en la Biblia como un "shem". Queríamos viajar a los cielos para ser como nuestros creadores. Pero una vez que descubrieron esta nave espacial simulada, los Nephilim se enojaron tanto que dijeron: "Ahora, cualquier cosa que planeen hacer ya no será imposible para ellos". Fue entonces cuando los Nephilim confundieron nuestro lenguaje para que no pudiéramos cooperar y completar el "cohete".

Ezequiel, un personaje de la Biblia, se encontró con 4 alienígenas humanoides y subió a bordo de su nave. De EZEK 1: 5 - 1:16 - "...también de la niebla surge la imagen de cuatro criaturas vivientes. Y esta era su apariencia, tenían la semejanza de un hombre. Y las criaturas vivientes corrieron y regresaron como la aparición de un relámpago. La apariencia de las ruedas y sus obras era similar al color de una piedra de berilo y las cuatro tenían una semejanza y su apariencia, y sus obras eran como si fuera una rueda en medio de una rueda". La representación de una" rueda en medio de una rueda" sugiere un OVNI. El color del berilo es el aluminio, y es de gran dureza en prismas hexagonales. ¿Cómo puede ser esto otra cosa que no sea la descripción de 4 extraterrestres cayendo en un OVNI?

SUMERIA DE UN COHETE

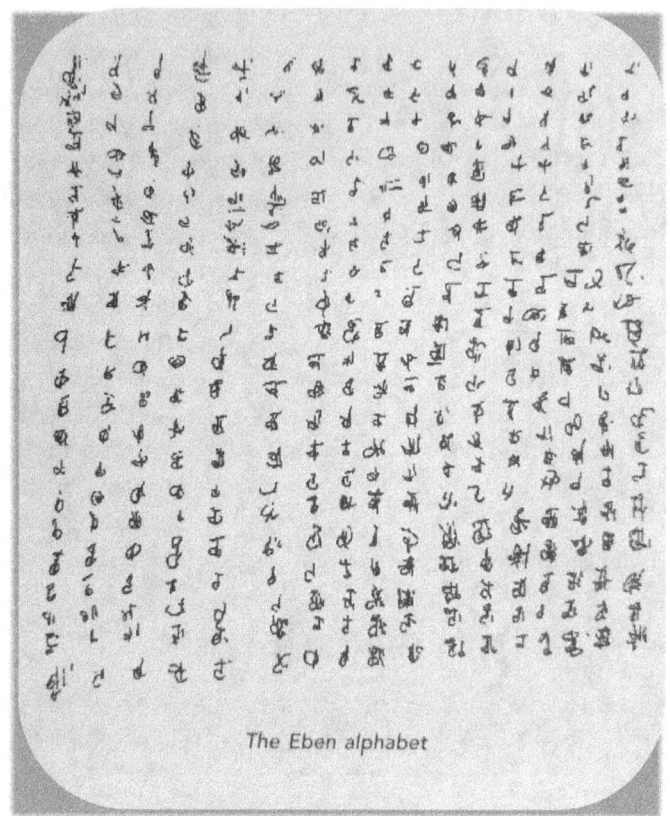

The Eben alphabet

EL EBEN (LOS EXTRANJEROS GRISES DEL
SISTEMA DE LA ESTRELLA DE ZETA RETÍCULO)
ALFABETO. LOS EXTRATERRESTRES DE
ROSWELL ERAN DE ESTE PLANETA, Y ESTE ERA
SU ALFABETO.

El Libro Amarillo

Los grises también nos proporcionaron el llamado "Cubo de Orión" en abril de 1964. Es esencialmente un libro transparente de 6,35 cm de espesor construido con un material claro y pesado de fibra de vidrio. El borde de este libro es de color amarillo brillante, de ahí el nombre "El libro amarillo". Parece ser un generador de imágenes holográficas en el que emergen imágenes en 3D cuando el lector observa la superficie transparente. El libro se lee basándose en el pensamiento y el lenguaje del lector en particular. Dependiendo del idioma en particular que el espectador esté pensando, ese idioma en particular aparecerá. Hasta la fecha, los científicos han identificado 80 idiomas diferentes. El libro parece ser la verdadera y correcta historia completa de la humanidad tal como lo describen los EBE. (Entidad biológica extraterrestre) El libro se utilizó durante los experimentos de Montauk y el Experimento de Filadelfia.

El Libro Rojo

El Libro Rojo es una cuenta detallada escrita y compilada por el gobierno de los EE. UU. Sobre ovnis que data de 1947 hasta el presente. Es un libro naranja-pardo que se actualiza cada 5 años. Contiene volúmenes sobre volúmenes de información que los agentes gubernamentales han recopilado con respecto a nuestras interacciones con una docena o más de entidades biológicas extraterrestres. El Libro Rojo se presenta al presidente en funciones de los Estados Unidos cada 5 años.

LA MISION A SERPO

EN ABRIL DE 1964, LA PRIMERA comunicación pre-orquestada ocurrió en la Base de la Fuerza Aérea Holloman en Nuevo México.

El 16 de julio de 1965, los Estados Unidos enviaron a 12 astronautas desde el complejo Groom Lake en Nevada al planeta Serpo, a 38.42 años luz de distancia. Este proyecto fue dirigido y monitoreado por la DIA. El proyecto se llamó "Crystal Knight". ¡Descubrimos en su planeta que no habían desarrollado energía atómica! Sin embargo, sí desarrollaron armas de haz de partículas muy poderosas. Ellos aterrizaron aquí en la Tierra el 24 de abril de 1964. Serpo está en el Sistema Estelar Zeta Reticuli. La NASA no tuvo ninguna participación en absoluto en la Misión Serpo. 12 astronautas fueron a la misión y fueron identificados por números de 3 dígitos. Consistían de:

Team Commander, Assistant Team Commander, 2 pilotos, 2 lingüistas, un biólogo, 2 científicos, 2 médicos y una persona de seguridad

Las grabaciones de audio y película del viaje se guardan en una bóveda en la Base de la Fuerza Aérea Bolling en Washington, DC.

Serpo tiene 3 mil millones de años (más joven que la Tierra). Sus dos soles tienen 5 mil millones de años. La civilización de Eben se estima que tiene solo 10.000 años de antigüedad. Tuvieron que mudarse a Serpo después de 5,000 años debido a problemas relacionados con la

Leon Bibi

actividad volcánica extrema en su planeta natal original. Serpo contiene carbono, hidrógeno, oxígeno y nitrógeno. Zeta Reticuli está a solo 37 años luz de la Tierra.

Serpo tenía numerosos volcanes, montañas a una altura de 15,000 pies, nieve a una profundidad máxima de 20 pies alrededor de su Polo Norte, exuberantes campos de hierba verde, evidencia de terremotos, animales: el equipo encontró uno similar a un armadillo que era hostil. Uno similar a un buey - este era tímido. Un león de montaña y una serpiente con "ojos parecidos a los humanos". Serpo contenía un cuerpo de agua que no contenía peces, solo una pequeña anguila de 10" de largo. Dos tipos de criaturas voladoras: una similar a un halcón y otra similar a una ardilla voladora. Insectos similares a las cucarachas, pero más pequeños.

El equipo regresó a la Tierra el 18 de agosto de 1978, pero solo 7 regresaron. Dos miembros decidieron quedarse en Serpo, y tres murieron, uno en ruta hacia el planeta y dos en el planeta. El último sobreviviente del viaje falleció en 2002 en Florida.

El clima en Serpo era muy caluroso, superando los 130 grados Fahrenheit. La comida Eben no tenía sabor y dio a los humanos problemas gastrointestinales. Serpo tenía dos soles, así que la oscuridad total no existía allí. Los ebens adoraban a un dios. La población del planeta era de aproximadamente 650,000. Los ebens eran vegetarianos.

El viaje a Serpo tomó aproximadamente nueve meses para viajar los 38 años luz. El equipo se quedó en Serpo durante trece años. El equipo regresó a la Tierra en una nave espacial Eben que solo requirió siete meses para la devolución.

Se ha documentado que un tratado con extraterrestres fue firmado en 1954 por el presidente Eisenhower llamado "Tratado de Granada", que era efectivamente un intercambio de sangre animal (mutilaciones de ganado) por armamento militar e inteligencia (antigravedad, láseres y astillas). Se intercambiaron armas de láser llamadas "Armorlux". Este intercambio fue apodado "Proyecto Platón".

Leon Bibi

LA ÚNICA FOTO CONOCIDA TOMADA DEL
PLANETA NIBIRU

TIPOS DE ET

Se han documentado 10 TIPOS DE ET, sin embargo, se cree que existen 57 razas diferentes. Algunos son "buenos", apoyan la evolución de los humanos, y algunos "malos", que apoyan la involución. Los malos destruyen la vida, necesitan sangre de organismos vivos, poseen control mental, implantan dispositivos y utilizan la digestión fotosintética.

1. GRAYS también llamados Ebens - EBE-1, y EBE-2, nos ayudó a realizar ingeniería inversa desde 1953 - son de intercambio diplomático ofrecido por Zeta Reticuli, Orion y Bellatrix. Asistió en nuestro programa nuclear. Se dirigió a los "bio-ritmos" de la Tierra cada 40 años: 8/12/43, 8/12/83 y el siguiente, el 8/12/23. Ellos visitan la Tierra a menudo no son violentos y son como abejas obreras. Tenemos información sobre 22 tipos de grises, pero solo hemos visitado 2.

a. Grises cortos (4 ' de altura) - de Zeta Reticuli - (EBE-1) - 1500 años luz de distancia

segundo. Tall Grays (7 'de altura) - (EBE-2) - de Rigel, Betelgeuse y Alpha Centauri A

2. NORDICS de Aldebaran

3. REPTILIANOS (también llamados draconianos) - de Orion, Alpha Draconis y Sirius B. Algunos reptiles son de apariencia humanoide. Los Draco Elite tienen alas y colas y son de naturaleza violenta. Son de sangre fría con sangre

Leon Bibi

verdosa, no producen sudor, hibernan y son capaces de viajar al espacio.

5. TALL WHITES

6. SIRIANS de Sirius B y Sirius A

7. VEGANOS de la constelación de Lyra

8. PLEIADIANOS de Erra en el "Pleiadesrode" rayo "barcos". El "Grupo K" o Kondrashkins, supuestamente se reunieron con FDR en 1938 para crear "Psychor": un personaje llamado Emil P. DeCostain, aparentemente era miembro del Grupo K.

9. TAU CETIANS de Tau Ceti

10. ANDROMEDANES DE ANDRÓDEDA Galaxy.

Alex Collier y Billy Meier han sugerido que toda la vida humana en la galaxia se originó en la constelación Lyra, que está cerca de la Nebulosa del Anillo o M57. Haciendo el grupo original de extraterrestres humanos "Liranos".

Nuestros creadores, los Anunnaki, tienen aproximadamente 350,000 años por delante. Cuando diseñaron la ingeniería biológica de Adán, no le dieron el don de lo que la Biblia describe como "saber". ¿Qué significa "saber"? La mayoría de las personas pueden especular que "saber" significa tener relaciones sexuales con. Si bien eso está cerca, en realidad es la capacidad de "procrear" o "reproducir". Cuando nos creamos por primera vez, teníamos muy poca conciencia de nosotros mismos y éramos estériles. Nuestros creadores, los Nephilim (los hijos de Anunnaki) solo querían un homo erectus servil sin complicaciones, solo el máximo rendimiento y la inteligencia suficiente para trabajar las minas para obtener oro. Pero finalmente, nuestro "modelo" se mejoró, debido a su necesidad de que más y más trabajadores, ¡procreamos a nosotros mismos! ¡Qué maravilloso regalo nos ha sido dado por pura necesidad por parte de nuestros creadores!

TALLAS DE SERES ALIENÍGENAS
ENCONTRADOS EN SUMER. ¿REPTILES?

FAMOSA FOTO DE LOS ESCOMBROS DEL
ACCIDENTE DE ROSWELL. ¿UN PARACAÍDAS? ¿O
MATERIAL ALIENÍGENA?

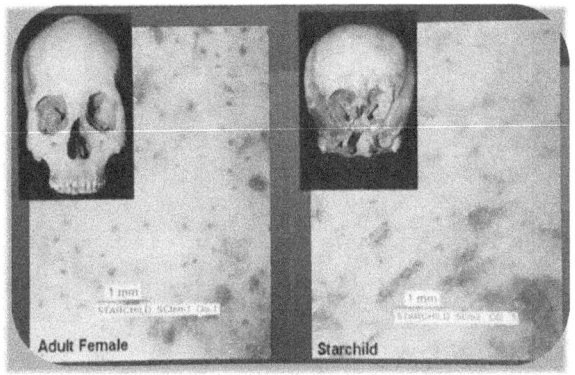

COMPARACIÓN DEL CRÁNEO HUMANO CON EL "CRÁNEO STARCHILD" DE ORIGEN EXTRATERRESTRE ENCONTRADO EN LA TIERRA.

DIFUNTO AUTOR LLOYD PYE DEMOSTRANDO EL CRÁNEO STARCHILD.

Leon Bibi

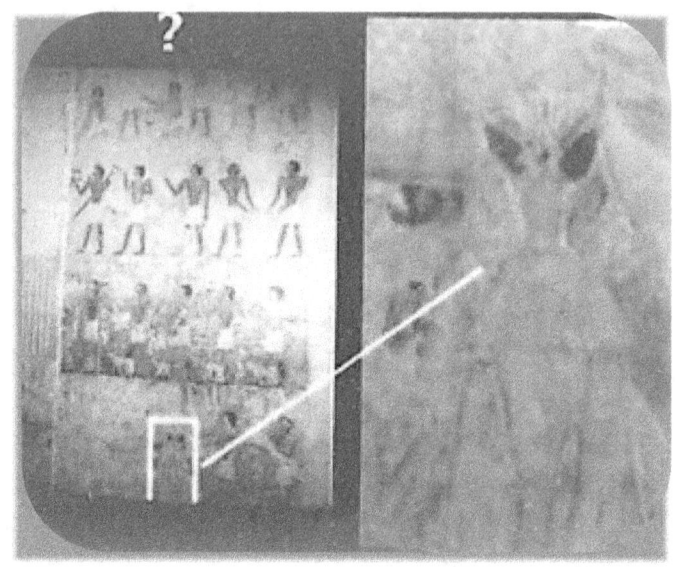

PINTURA EGIPCIA DE UN EXTRATERRESTRE
CIRCA 2000 A.C.

CAPÍTULO 9

El hombre detrás de la cortina

Nosotros, la gente

En el tío Sam confiamos...

AMO AMERICA - Todo sobre ello. Tierra de inmigrantes, vive libre en una sociedad capitalista. Libre de pensar, hablar, adorar, desarrollar cualquier negocio que le guste (siempre que sea legal). A cambio de su libertad, pagas impuestos. Confía en su gobierno y en sus líderes. Usted es feliz.

Pero aquí está el problema: su propio gobierno no es directo con usted. No es directo sobre los contactos extraterrestres, la situación ambiental y las curas para muchas enfermedades, incluido el cáncer. El gobierno está dirigido por los súper ricos que harán cualquier cosa para controlarlo y proteger sus intereses financieros a expensas de los suyos. Realmente no hay reciprocidad. Estamos siendo explotados cruelmente y engañados. Solo aquellos que tengan el coraje de pensar críticamente lo verán a través de este esquema. Se nos ha ocultado tanta información y verdad en forma de evidencia.

Brad Olsen, autor de 3 libros sobre el esoterismo, expresa esto maravillosamente:

"Es una técnica de propaganda histórica y altamente efectiva, utilizada también por la iglesia en la Edad Media, así como por todas las estructuras de poder codiciosas antes y después. Su objetivo es mantener el poder y controlar una adicción asombrosamente destructiva. Nos han mentido y condicionado más allá de lo que se puede creer, por lo que sutil y subliminalmente la información ha sido fabricada, producida y luego forzada sobre nosotros. Apenas nos damos cuenta porque los perpetradores son esas personas e instituciones en las que hemos confiado durante mucho tiempo. Este tipo de engaño es tan extenso y enorme y su tamaño y sutileza que seguramente es demasiado increíble para ser verdad". -" Esotérico moderno".

Uno piensa en Nikola Tesla y la amenaza que representó para los industriales ricos que controlaban la energía. Sus máquinas de Energía Libre efectivamente los pondrían fuera del negocio, así que sacaron todas sus inversiones de Wardenclyffe y en lugar de eso lo cerraron. Olsen continúa -

"Así, de alguna manera, cuando el populista tiene una fuerte convicción por descubrir la verdad, no tiene nada que perder. Entonces nos convertimos en personas peligrosas para el Establecimiento. El gobierno teme a mentes como la nuestra, porque ya no estamos sujetos a los vicios o el control del Estado. Ya no pueden poner la lana sobre nuestros ojos, ya no pueden seducirnos con comodidad y no pueden someternos con la Fuerza." - "Esotérico moderno".

Estamos viviendo un proceso de adoctrinamiento que se ha transmitido durante siglos, de supuestas verdades perpetuadas por los ricos. Es un sistema que se perpetúa a sí mismo y que se construye para hacerle creer que está organizado para su propio bienestar, mientras que en la actualidad, es únicamente para su propio interés. Es un adoctrinamiento de "Servicio al Ser", no un "Servicio a los

Otros". Está diseñado para adaptarse a los intereses estrechos y egoístas de los ricos.

¿Por qué nuestros libros de historia no discuten las tabletas sumerias que se remontan a la civilización a 10,000 a.c.? ¿Por qué no hablan de "ángeles caídos" y "dioses" escritos en piedra sobre ellos? ¿Por qué no cubren la magnificencia de las pirámides y cómo la sociedad moderna de hoy ni siquiera puede comenzar a construirlas? ¿Por qué no hablan más sobre Tesla y menos sobre Edison?

"La situación OVNI es el tema más importante en la historia de la raza humana. La gente no solo tiene el derecho de saber, maldita sea, tiene que saberlo. Me enojo porque veo que el sistema constitucional está siendo desechado, el encubrimiento, las mentiras, el secreto, el gasto del "Presupuesto Negro" de $ 50 mil millones al año de dinero de los contribuyentes, gastado por personas que no son responsables en absoluto. Todo esto es una violación total del sistema constitucional..."- Coronel Robert Dean Sargento de Comandos del Ejército de los EE. UU.

"El siglo XXI morirá de risa por el Informe Condon": John Northrup, fundador de Lockheed Martin, se dirigió al informe oficial del gobierno sobre los OVNIs.

La ACIO (Alien Contact Intelligence Organization) es una agencia gubernamental oficial que se ocupa del contacto extraterrestre. Los miembros de la ACIO tienen el nivel más alto de autorización de seguridad en los Estados Unidos llamado "Cosmic". Ningún presidente de los EE. UU. Ha recibido el visto bueno para este nivel de seguridad y solo 25 personas en la historia del mundo han alcanzado este nivel. La ACIO se ocupa de los OVNIs, los extraterrestres y la 'Particalización' - los principios detrás del viaje en el tiempo.

Al Bielek es un denunciante que trabajó para el gobierno durante el Experimento Filadelfia a bordo del USS Eldridge. Tanto Albert Einstein como Nikola Tesla ayudaron a crear un portal utilizando la Teoría de Campos Unificados y la Teoría de Cuerdas para hacer que el barco sea "invisible" y transportarlo de un lugar a otro. Las fotos proporcionadas por Morris K. Jessup respaldan y demuestran que el experimento de Filadelfia fue un evento real y tuvo éxito. Se ha documentado que Tesla ha creado "transmisores sensibles" para comunicarse con extraterrestres durante este experimento.

Discutí el accidente de Roswell en mi libro anterior, "Adam = Alien", y el hecho de que el intento del gobierno de encubrirlo fue un fracaso. Walter Haut, que fue primer teniente del grupo de bombas 509 en Roswell Air Field, transmitió al mundo la siguiente cita:

"Los muchos rumores sobre los discos voladores se hicieron realidad ayer cuando la oficina de inteligencia del 509 Grupo de Bombas de la Octava Fuerza Aérea, Roswell Army Field, tuvo la suerte de ganar un disco a través de la cooperación de uno de los rancheros locales y La oficina del Sheriff del condado de Chaves. El objeto volador aterrizó en un rancho cerca de Roswell la semana pasada. Al no tener instalaciones telefónicas, el ranchero guardó el disco hasta que pudo comunicarse con la oficina

Leon Bibi

del alguacil, quien a su vez notificó al mayor Jesse A. Marcel de la Oficina de inteligencia de la bomba 509".

Esta transmisión fue interrumpida simultáneamente por una transmisión de radio desde la sede superior, diciendo:

"ATENCIÓN ALBUQUERQUE: POR PARTE DE LA TRANSMISIÓN. REPETIR. ENSAYO DE TRANSMISION. ARTICULO DE SEGURIDAD NACIONAL. NO TRANSMITIR. ESTÉN LISTOS..."

Si esto realmente fue un globo meteorológico, ¿por qué la transmisión de seguridad nacional interrumpida para detener el mensaje?

Stanton Friedman, a quien conocí en una conferencia reciente, en realidad encontró al agente que escribió el memo, y le dijo a Stanton: "Feliz en mi retiro. No hay chicos en trajes negros en la puerta de mi casa. No puedo hablar con usted".

Mac Brazel fue el ranchero que encontró el disco, y cuando el reportero de KGFL Roswell, Frank Joyce, le preguntó sobre el incidente, Brazel dijo: "Frank, ¿sabes cómo hablan de hombrecitos verdes? ...No eran verdes".

El botánico estadounidense Guillermo Mendoza estudió EBE-1 en 1951 y describe su sistema digestivo fotosintético, bajo la dirección del presidente Truman y Project Grudge.

Algunas características de los ET fueron descritas por una enfermera durante el examen de la siguiente manera:

- o sus brazos son más largos desde la muñeca hasta el codo que desde el codo hasta el hombro.
- o tienen cuatro dedos con ventosas para puntas.
- o no tienen pulgares
- o sus cabezas eran flexibles
- o no tenían dientes, solo algo parecido al cuero crudo.
- o su piel era de color gris rosado, dura y correosa.
- o no tenían sangre roja, solo un líquido incoloro.
- o no tenían sistema digestivo, intestinos o área rectal.

Leon Bibi

SESIONES INFORMATIVAS DE REAGAN

1981- Se desclasificaron 54 cintas de audio-casete en el '07.

El cuidador - "Sr. Presidente, como se mencionó anteriormente, debo decir que esta reunión informativa tiene la clasificación más alta dentro del Gobierno de los Estados Unidos. Comenzaré con una presentación de diapositivas. Tengo la mayor parte de esta información en las diapositivas, pero también tengo un resumen que he entregado a cada persona que asiste".

Presidente Reagan- "¿Qué significa eso? ¿Tenemos códigos o una terminología especial para esto?

El cuidador - "Sr. Presidente, EBE significa "Entidad Biológica Extraterrestre". Era un código designado para esta criatura por el ejército de los EE. UU. En aquellos días. Esta criatura no era humana, y tuvimos que decidirnos por un término. Entonces, los científicos designaron a la criatura como EBE1. También nos referimos a él como "Noah". Hubo diferentes terminologías utilizadas por varios aspectos de la comunidad militar y de inteligencia de los EE. UU.

Un dispositivo fue encontrado en el accidente en Los Alamos. Se pensó que el dispositivo estaba destinado a enviar y recibir mensajes de vuelta al hogar de ET. Pero los científicos no pudieron descubrir cómo trabajarlo durante años. Finalmente, después de usar la fuente de energía de la propia nave, funcionó el dispositivo. Las EBE de Reticulan dieron al gobierno de los EE. UU. 500 libras del elemento 115. Estaba en forma de discos (¿autor - discos de Dropa?). Era un metal súper pesado de color naranja rojizo.

Según los Andromedanos, hay más de 135 mil millones de seres humanos en nuestra galaxia, y ese universo es un holograma de 21 billones de años. Que este holograma contiene 11 dimensiones o densidades. Los humanos de la Tierra ocupamos la 3ra densidad. Afirman que nuestro genoma humano es el resultado de 22 razas extraterrestres que trabajan con nuestro ADN para producirnos. Según los Andromedanos, nuestra Luna fue transportada aquí hace solo 12,000 años desde un sistema planetario en la Osa Menor y colocada en su órbita actual. También afirman que es hueco (lo que se demostró en nuestras misiones allí): los astronautas escucharon vibraciones en la Luna. Hay restos de 9 ciudades abovedadas en la Luna que han sido descubiertas por la NASA y los astronautas rusos. Restos esqueléticos de humanos y reptiles fueron descubiertos en la Luna. Los Andromedanos afirman que la vida existe en 7 planetas y 15 lunas en nuestro sistema solar. Además, hay más de 100 billones de galaxias y 100 mil millones de soles.

Los andromedanos afirman que ha habido 3 guerras nucleares en la Tierra en los últimos 450,000 años, la más reciente de las cuales ocurrió en 11,913 a. C. que nuestra piel ha cambiado de verde a rojo (nativos americanos,

Leon Bibi

egipcios y mayas), a amarillo (asiáticos), a negro (africanos) y finalmente a blanco.

Dios bendiga a los Estados Unidos de América.

En mi libro anterior, "Adam = Alien", mencioné grupos secretos como los Bilderberg, que controlan la mayoría de la riqueza en todo el mundo. El Banco de la Reserva Federal en los Estados Unidos se ha posicionado como una "institución federal", que informa a la sucursal federal de los Estados Unidos, aunque nada podría estar más lejos de la verdad. Es una institución privada, o grupo de banqueros internacionales. Sobre la base de crisis financieras e insolvencias institucionales y personales crónicas a principios de los años 1900, el gobierno de Estados Unidos aceptó el control de "La Reserva Federal". Desde 1913, la Reserva Federal presentó el billete de dólar como una nota de la Reserva Federal como "moneda de curso legal", aprobado por el Tesoro de los Estados Unidos.

¿No es interesante que dos de nuestros amados presidentes, Lincoln y Kennedy, quienes intentaron restablecer el poder en el Tesoro de los EE. UU. Y fuera de los grupos bancarios privados, fueron asesinados?

En 1862, Lincoln introdujo la Ley de primera licitación legal que autorizó la impresión de "billetes verdes" por el Tesoro de los Estados Unidos que no estaban respaldados por oro o plata. Después de lo cual, la economía de los Estados Unidos creció a un ritmo notable, no controlada por banqueros privados y sin impuestos por bancos extranjeros. A principios de 1961, Kennedy detuvo todas las ventas de plata del Tesoro de los Estados Unidos y autorizó la impresión de "certificados de plata". Esto creó una moneda estadounidense fuera del control de la Reserva Federal.

Las familias Rothschild y Rockefeller controlan la Reserva Federal. Formaron el Banco de Pagos Internacionales, o BIS, creando el primer banco central mundial. El autor David Wilcock describe su intrincado engaño de la siguiente manera:

"El 19 de septiembre de 2011, un estudio científico suizo dirigido por el Dr. James Glattfelder demostró que un asombroso 80% de todo el dinero que se estaba haciendo en el mundo se estaba filtrando de nuevo en los bolsillos de la Reserva Federal a través de un enclavamiento cuidadosamente encubierto. Direcciones de corporaciones... Se utilizaron supercomputadoras para analizar una base de datos de los 37 millones de corporaciones e inversores individuales más importantes del mundo. Sorprendentemente, solo 737 corporaciones controlaban una red que ganaba el 80% de las ganancias mundiales. Con un número aún mayor de usuarios, esta red de propiedad podría reducirse aún más a una entidad superior de solo 147 empresas. Un sorprendente 75% de las corporaciones dentro de esta súper entidad son instituciones financieras. Las 25 principales instituciones financieras dentro de este grupo altamente secreto incluyen: Barclays, JP Morgan Chase, Merrill Lynch, UBS, Bank of New York, Deutsche Bank, Goldman Sachs, Morgan Stanley y Bank of America, todos los cuales son presuntamente miembros del Reserva Federal."

Wilcock continúa diciendo: "El representante Alan Grayson, el ex representante Ron Paul y el senador fallecido Robert Byrd forzaron una auditoría en el Congreso de la Reserva Federal en 2011 y descubrieron que la Fed entregó en secreto $ 26 billones en dinero de los contribuyentes estadounidenses. "26 trillones !! Estos $ 26 billones se usaron para rescatar a los principales bancos de la Reserva Federal.

Mi punto es discutir sobre la Fed y las familias adineradas como los Bilderberg, la Comisión Trilateral y el Consejo de Relaciones Exteriores, es demostrarle a usted, el pensador de mente abierta, que el mundo no es lo que parece ser. Lo que nos enseñaron en la escuela no era la verdad (completa). Que los extraterrestres y los OVNIs existen. Han existido mucho más tiempo que nosotros. Es por ellos que estamos aquí. Estos grupos tienen todo que perder si John Q. Public conoce la verdad... durante miles de años, la puerta ha estado cerrada herméticamente. Los que están detrás de la puerta saben la verdad, esconden la verdad y quieren que John Q. Public permanezca lo más tonto posible.

El "Club de Roma" es un grupo de 100 personas que son líderes en finanzas, política, el poder judicial y las grandes empresas. Este club se ha comprometido con un consorcio que controla todas las finanzas internacionales. Su objetivo es instituir una dictadura mundial, un "Nuevo Orden Mundial", como lo expresaron George Bush Sr. y Jr. Un miembro de la Fundación Rockefeller en la ciudad de Nueva York ha supervisado la construcción del Edificio del Parlamento para acomodar al nuevo Gobierno Mundial en Canberra, Australia.

Leon Bibi

La Comisión Tri-Lateral recibe su nombre de una insignia de una nave alienígena. Es la letra "T" dentro de un triángulo negro con un fondo rojo. Los miembros del Grupo Delta: una fuerza que brinda seguridad a todos los programas de Arriba el Secreto tienen credenciales con esta misma insignia. Dado que la letra griega delta es la cuarta letra del alfabeto griego, se refiere al Planeta Tierra, el cuarto planeta desde el sol. La tradición masónica también utiliza un triángulo en varias de sus insignias. En la base de Dulce en Nuevo México, la insignia es la letra griega tau (T) dentro de un triángulo invertido. Cada base estadounidense involucrada en una actividad alienígena tiene una letra griega dentro de un triángulo.

La Ley de la CIA de 1949 hizo que los presupuestos negros fueran totalmente legales. Se afirma que -

"Cualquier agencia gubernamental está autorizada para transferir o recibir de la CIA dichas sumas sin tener en cuenta las disposiciones de la ley que limitan o prohíben las transferencias entre asignaciones. Las sumas transferidas a la CIA de acuerdo con este párrafo pueden ser gastadas para los fines y bajo la autoridad de los artículos 403a a 403s de este título, sin tener en cuenta las limitaciones de los créditos de los que se transfirieron" (Morris - pág. 62)

CAPÍTULO
10

El código avanza.

Leon Bibi

Stonehenge

HE VISITADO STONEHENGE EN 2014. Es un sitio increíble, inconfundiblemente construido por una raza extraterrestre como un calendario estelar para rastrear los movimientos planetarios con el fin de mantener el tiempo y predecir las estaciones para preparar los cultivos para el crecimiento. Ver las enormes piedras de varias toneladas construidas unas sobre otras es imposible para los humanos. Las piedras son demasiado pesadas, y la colocación de piedras una encima de la otra es una hazaña masiva que creo que se logró por levitación. Aquí hay algunos datos que rodean a Stonehenge que apoyan mi teoría:

- o está en la ubicación precisa del hemisferio norte para rastrear ocho observaciones lunares
- o predice eclipses solares y lunares
- o se utilizaron 80 piedras azules (las piedras más duras de la Tierra) que no pudieron, y no pueden extraerse con herramientas de cobre y / o bronce utilizadas en el año 2000 aC
- o estas piedras azules fueron transportadas a 250 millas de las montañas Prescelly
- o 77 piedras sarsen (arenisca dura) que pesan 50 toneladas cada una, fueron movidas 20 millas desde Marlboro Downs
- o estas piedras de zarzal se colocaron en posición vertical, y como vigas transversales una encima de la otra

o el posicionamiento de las piedras azules y piedras del zarzal creó un patrón geométrico tan perfecto, no para crear una tumba, sino para crear un reloj de reloj de sol con el fin de predecir un ciclo de 18,61 años basado en el sol y la luna.

o

STONEHENGE

La Atlántida o la Antártida?

Según Platón, los sacerdotes egipcios fijaron la fecha del hundimiento de la Atlántida en 9850BC.'

DEPICCION DE ATLANTIS.

Estoy de acuerdo con los autores Rand y Rose Flem-Ath con respecto a Atlantis. No es un continente hundido en el Océano Atlántico, cerca de Grecia en el Mediterráneo, o cerca de Turquía o el Medio Oriente. Está justo debajo de nuestras narices. Es la isla de la antártida. Específicamente, la Antártida Menor. Aquí están las razones:

1. Es una isla en medio del océano, tal como dijo Platón.

2. Está "fuera de las regiones del sur" y surgió "después del diluvio"

3. La Antártida tiene una elevación de 6500 pies, más alta que Asia, Sudamérica, África, Norteamérica, Europa y Australia.
4. Fue destruido en 9600 aC, en el mismo siglo en que brotó la agricultura. ¿Coincidencia?
5. ¿Estuvieron las Américas pobladas por atlantes que huyeron después del diluvio?
6. El mapa de Piri Reis que muestra la Antártida demuestra que debe haber sido mapeado antes de la glaciación, hace unos 6000 años.
7. El Apéndice del Modelo de Atlantis enumera todos los sitios sagrados en la Tierra (Pirámides de Giza, etc.), que se encuentran en latitudes específicas alineadas con las posiciones antiguas o nuevas del Polo Norte. Además, el posicionamiento utiliza el sistema pi de geometría para proporciones exactas, como si se midiera utilizando matemáticas avanzadas. ¿Cómo pueden los siguientes puntos de referencia famosos encajar una proporción geodésica exacta del polo de la Bahía de Hudson, con la excepción de una desalineación de un grado (que fue como resultado del cambio de la corteza de la Tierra antes de 9,600 a.C.)?

Todos estos sitios se encuentran a lo largo de la Rejilla de Energía de la Tierra: Baalbek, Canterbury, Chichén Itzá, Cuzco, Isla de Pascua, Giza, Jerusalén, Lhasa, Luxor, Machu Picchu, Nazca, Newgrange, Quito, Rosslyn, Byblos, Jericó, Xi'An, Aguni , Pyongyang, Avebury, Abydos y Nippur.

35,000 tabletas sumerias fueron encontradas en Nippur, 1899 por arqueólogos estadounidenses. Dilmun fue incluido en las tabletas como "la antigua ciudad sumeria dedicada al dios del diluvio Enlil" - (Flem-Ath)

Dilmun era una isla montañosa en el océano. La mayoría de sus habitantes se ahogaron con la gran inundación. Los sobrevivientes escaparon en un gran barco (¿el Arca?) Y navegaron a una montaña cerca de Nippur. Las tabletas decían que Dilmun, la isla paradisíaca de la que huyeron, estaba "cruzando el Océano Índico hacia el sur, hacia la Antártida". - (Flem-Ath)

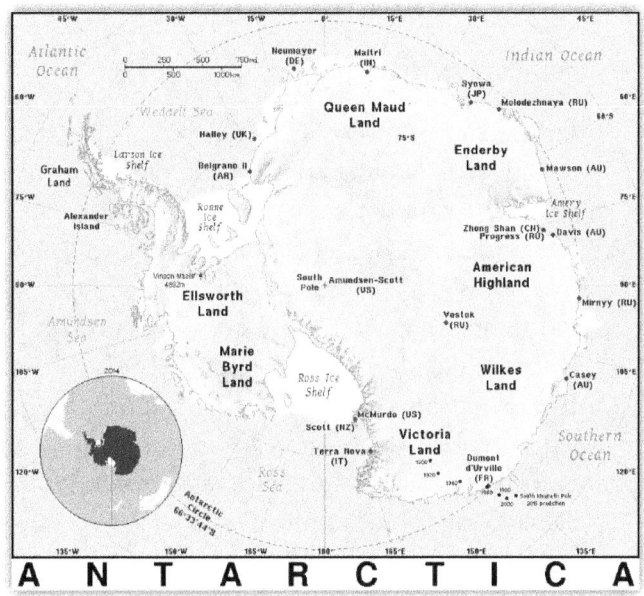

MAPA DE LA ANTÁRTIDA QUE SE AJUSTA A LAS
DESCRIPCIONES DE PLATÓN DE "UNA ISLA" EN
LAS "REGIONES DEL SUR" EN EL "CENTRO DEL
OCÉANO"

Estrella Sirius

1. La tribu Dogon, de Mali en África, habló de una tercera estrella en la constelación de Sirio, que era invisible a simple vista y por el telescopio.
2. Los visitantes de Sirius eran anfibios, llamados 'Nommos'
3. La Gran Pirámide representa a Sirio B, y la Pirámide de Khephren representa el Sol.
4. El Dogon sabía que Sirius tenía una órbita elíptica y no circular y era binario. ¿Cómo?
5. Sirio B es una "enana blanca" y contiene un metal llamado sagala que es muy pesado.
6. ¿"Isis" viene de "Sirius"?
7. Anubis entra en juego con los masones: ¿es el cuerpo de la Gran Esfinge realmente el de Anubis (perro del conocimiento) y no un león?
8. Solo 3 razas que practican la circuncisión son: los colchianos, egipcios y etíopes.
9. ¿Fue Oannes realmente Enki? Si es así, el dios original de Noé era anfibio.

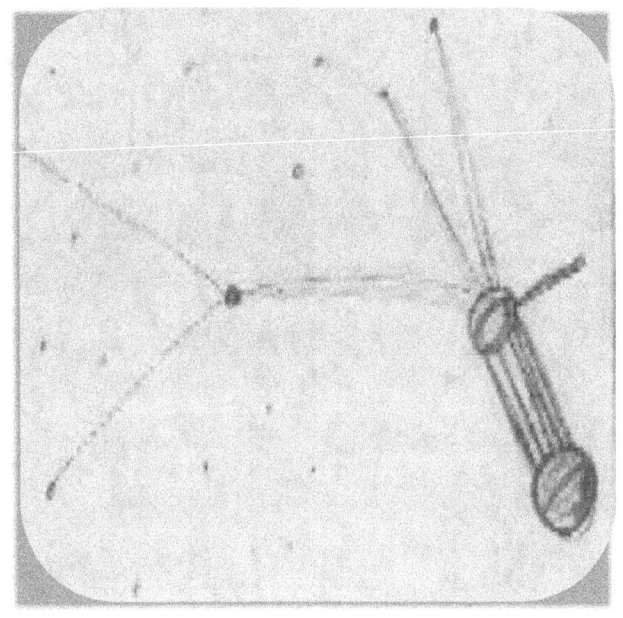

BETTY HILLS DRAWING - OF THE PLANETS
THAT HER ABDUCTORS WERE FROM. THIS
WAS DRAWN IMMEDIATELY AFTER HER
ABDUCTION.

SHE SAID THAT HER ABDUCTORS WERE FROM
THE PLANET SIRIUS. COMPARE TO THE ACTUAL
DRAWING OF THE SIRIUS STAR SYSTEM NEXT
ON THE NEXT PAGE.

COINCIDENCE?

Leon Bibi

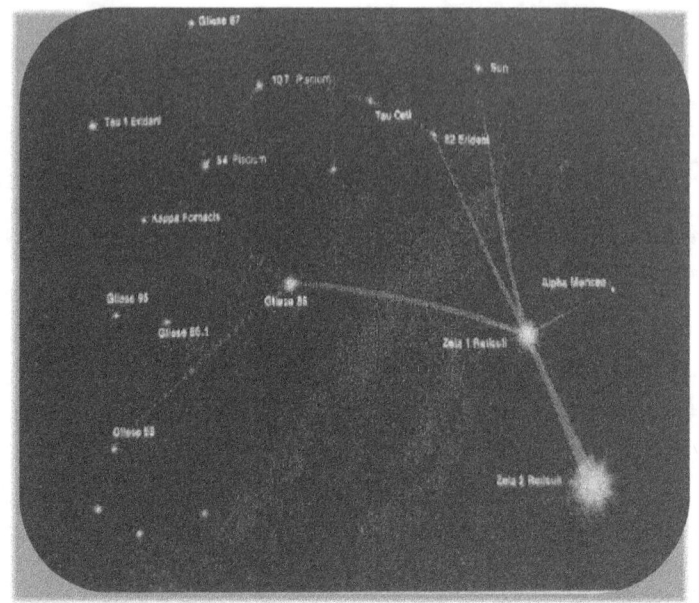

EL DIBUJO REAL DEL SISTEMA ESTRELLA SIRIUS

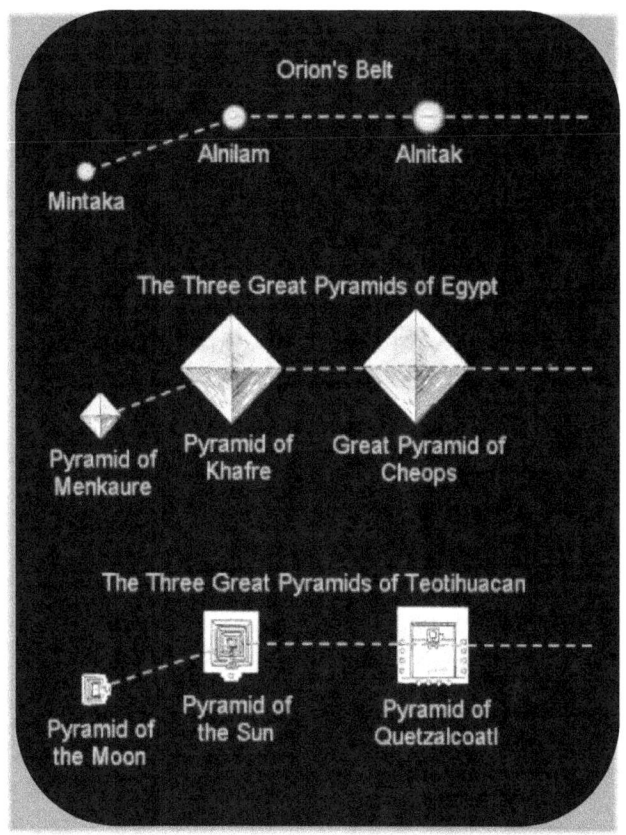

ORIONS CORREA-PRUEBA DE QUE LAS
PIRÁMIDES DE GIZA Y TEOTIHUACAN FUERON
COLOCADAS EXACTAMENTE COMO UNA
IMAGEN DE ESPEJO DE LAS 3 ESTRELLAS DE
ORIÓN

Leon Bibi

Marte y la luna

"Es un truco de luces y sombras" - El Dr. Arden Albee, del Instituto de Tecnología de California, comenta sobre la Cara de Cydonia

"La NASA no es una empresa de Starship en una misión para" ir audazmente a donde ningún hombre ha ido antes". Por el contrario, la NASA es el niño perturbado de dos padres disfuncionales: la paranoia y la guerra "- Graham Hancock (El misterio de Marte)

"Las rocas son las primeras encontradas en Marte que contienen gravas de arroyos. Los tamaños y formas de las gravas incrustadas en estas rocas conglomeradas, desde el tamaño de las partículas de arena hasta el tamaño de las pelotas de golf, permitieron a los investigadores calcular la profundidad y la velocidad del agua que una vez fluyó a través de esta ubicación "- Laboratorios de propulsión a chorro de la NASA

EN DE JULIO DE 1976, EL ORBITANTE VIKINGO tomó imágenes de la región de Cydonia en Marte. Estas imágenes representan una enorme escultura de un rostro, así como las antiguas ruinas de una gran ciudad. Esta ciudad había sido establecida miles de años antes de que la Tierra fuera habitada. Esta ciudad fue construida por los Anunnaki utilizando rayos láser para cortar piedra y levitación para transportar la piedra que se utiliza para erigirlos. Una fotografía de la NASA, PR95-17 /

HST.WFPC2, demuestra que Marte tiene océanos azules y masas de tierra rojas.

Antes de morir, el astrónomo y matemático Sir Fred Hoyle visitó al Dr. Gilbert Levin (científico en jefe de la NASA que descubrió la vida en Marte a partir de los experimentos de Viking Lander) que "no solo hizo que el Viking detectara vida en Marte, sino que, en el regreso clandestino En una misión de muestra a Marte, el gobierno de los EE. UU. había obtenido microorganismos vivos que ahora se estaban cultivando para aplicaciones potenciales, el secreto obligatorio... "- Haze Aliens en el antiguo Egipto - pág. 203

El sector Cuadrángulo Elysium de Marte se fotografió en 1972: se descubrieron estructuras triangulares piramidales. Las fotografías Mariner de B-Frames: MTVS 4205-3, DAS 07794853, MTVS 4296-24 y DAS 12985882 demuestran que estas fotografías representan cuatro estructuras piramidales masivas que proyectan sombras. Estas pirámides son más grandes que las conocidas en la Tierra. Una de estas pirámides es una estructura de cinco lados llamada la Pirámide D&M (llamada así por sus fundadores, DiPietro y Molenaar). Estas no son ilusiones.

La "Cara" en Cydonia es real. Fue identificado por primera vez en el marco Viking # 35A72 por el Dr. Tobias Owen. The Face, que muestra un extraño parecido con el de Sphinx (nota del autor: creo que es exactamente la misma cara del mismo fabricante, Ningishzidda). Mide una asombrosa longitud de 1.6 millas desde la corona hasta la barbilla, 1.2 millas de ancho y aproximadamente 2,600 pies de altura. Los dientes son evidentes en la boca, y el tocado se asemeja al mismo tocado "nemes" de los faraones egipcios antiguos. El marco también representa enormes monumentos.

Richard Hoagland, ex consultor de la NASA y ahora autor, al ver los marcos 35A72 y 70A13, ha identificado monumentos adicionales que se asemejan a un "Fuerte" y una "Ciudad".

Un punto clave para demostrar que estas estructuras son realmente artificiales, es que se definen como "no fractales", o que sus contornos se han escaneado y evaluado como artificiales y no naturales.

El bloque de construcción de la vida, el agua, se encuentra en todo Marte. Aparecen chorros de agua y salidas de vapor. Varias áreas del terreno muestran áreas de erosión hídrica, similar a la erosión en la base de la Esfinge.

En una de las lunas de Saturno llamada Encelado, existe una chapa helada bajo la cual existe un gran mar de agua que se estima es del tamaño del Lago Superior. David J. Stevenson, profesor de Ciencias Planetarias en el Instituto de Tecnología de California, afirma que "Lo que hemos hecho es presentar un caso fuerte para un océano". Larry W. Esposito, profesor de Astrofísica y Ciencia Planetaria de la Universidad de Colorado, se hace eco de este punto: "Definitivamente Enceladus, porque ahora hay agua caliente".

¿Es la luna un cuerpo artificial? ¿Fue hecho para incubar y fomentar la vida en la Tierra? ¿Está hueco? Hay muchas preguntas que teorizan que nuestra Luna puede no ser de origen planetario, pero puede haber sido construida literalmente para permitir la vida en la Tierra. La luna es más grande, más vieja y más liviana en masa de lo que debería ser, basada en la evidencia de las características de las lunas ordinarias de otros planetas. Cuando el Apolo 13 estrelló su propulsor en la luna, los astronautas informaron que "sonó como una campana", y "se tambaleó" como si fuera un hueco. El posicionamiento preciso de la luna y sus efectos gravitatorios en la Tierra, permiten una condición perfecta para nutrir la vida, a diferencia de otras lunas en nuestro sistema solar. "Proyecto Whiteout" es un proyecto estadounidense que supuestamente transporta materiales a la Luna en un esfuerzo por crear una base estadounidense allí.

La luna está representada como un planeta real en los sellos cilíndricos sumerios, en función de su tamaño y masa, lo que hace improbable que originalmente fuera solo un satélite de la Tierra, sino un planeta por derecho propio. Los sumerios realmente sabían esto, de los Anunnaki.

Los rollos del mar muerto

PASEO DE MAR MUERTO

Línea de tiempo

> ➢ 136 AD - Rollos depositados en Qumran
> ➢ 1947 - Rollos del Mar Muerto (DSS) descubiertos en cuevas
> ➢ 1952 - Se encuentran rollos de cobre y 800 rollos de papel

Contenido de los Rollos del Mar Muerto:

1. La ubicación de 65 toneladas de plata y 26 toneladas de oro.
2. Un inventario preciso del Templo de Jerusalén, ¡y es un tesoro!

La conspiración de los Rollos del Mar Muerto:

El hombre designado para administrar, descifrar e interpretar el DSS fue Roland de Vaux. De Vaux era un sacerdote francés nacido en 1903. Era antisemita, se refería a Israel (incluso después del estado de Israel en 1947) como Palestina, y conocía el material explosivo que contenía. Varios rollos contenían información no publicada hasta el día de hoy, tan controvertida, que el Vaticano (y posiblemente el Gobierno israelí) se niega a traducirla y divulgarla. Esta es información que algunos de los traductores iniciales entre 1950-1955 se vieron envueltos en una "guerra de palabras" literaria entre sí y lucharon por el control de los rollos. De Vaux solo quería divulgar los datos que apoyaban las ideologías del Nuevo Testamento. Su enemigo mortal era John Allegro, quien trabajó con De Vaux traduciendo el DSS durante años. De Vaux usó el Vaticano y su poder para silenciar a Allegro y humillarlo. La intención de Allegro siempre fue pura: liberar al público todo el contenido del DSS. De Vaux, por otro lado, tenía mucho que esconder. Lanzó solo el 10% del contenido de Scroll, y solo la información "insípida" que contiene. Todo el material explosivo fue amortiguado, y cualquier intento por parte de Allegro para liberarlo fue recibido con ridículo y vergüenza.

En una conferencia celebrada en la Universidad de Nueva York en mayo de 1984, el profesor Morton Smith comentó: "Pensé hablar sobre los escándalos de los documentos del Mar Muerto, pero estos resultaron ser demasiado numerosos, demasiado familiares y demasiado repugnantes. Observó que el equipo internacional (el equipo encabezado por De Vaux) estaba "gobernado" en la medida en que se puede determinar, en gran parte por

Leon Bibi

convención, tradición, colegialidad e inercia. Los iniciados, los académicos con las asignaciones de texto, 'el círculo encantado', tienen las ventajas: gotear poco a poco. Esto les da estatus, poder académico y un maravilloso viaje del ego." - "El Rngaño de los Rollos del Mar Muerto"- pág. 72

Otro académico llamado Eisenman que también encontró barreras al intentar desafiar al Equipo Internacional, en 1989, se hizo público. Fue citado por The New York Times, el Washington Post, Los Angeles Times, el Chicago Tribune y la revista Time, destacando cinco puntos principales:

1. Que toda la investigación sobre los Rollos del Mar Muerto estaba siendo monopolizada injustamente por un pequeño enclave de eruditos con intereses creados y una orientación sesgada
2. Que solo un pequeño porcentaje del material de Qumran se estaba imprimiendo y que la mayor parte todavía estaba siendo retenida
3. Que era engañoso afirmar que la mayor parte de los llamados 'textos bíblicos' se habían divulgado, porque el material más importante consistía en los llamados textos 'sectarios' - nuevos textos, nunca antes vistos, con una gran Sobre la historia y la vida religiosa del siglo I.

En noviembre de 1990, el gobierno israelí nombró a un erudito en el desplazamiento del Mar Muerto llamado Emmanuel Tov. El Museo Rockefeller y la Ecole Biblique se convirtieron en la sede de la investigación de Qumran. Después de que Israel ganó la Guerra de los Seis Días, tomó posesión de la Jerusalén oriental árabe y, por lo tanto, ganó la posesión del Museo Rockefeller y la Biblia como "botín de guerra".

Aquí hay un resumen de todos los rollos encontrados

1. Rollo de cobre: se encuentra en la cueva 3 y enumera la ubicación de un tesoro de oro, plata y preciosas vasijas religiosas. Data de la época de la invasión romana en el año 80 d.

2. Regla de la comunidad: se encuentra en la cueva 1 y enumera las reglas y regulaciones que rigen la vida en la comunidad del desierto. Establece una jerarquía de autoridad, enumera un "Maestro" de la comunidad. Describe los castigos. Presenta el "Mesías"

3. Rollo de Guerra: se encuentra en las cuevas 1 y 4, es un manual de guerra que incluye estrategias y tácticas contra los romanos.

4. Rollo del Templo - encontrado en la cueva 11, discutió el Templo de Jerusalén y sus diseños, muebles y accesorios. Es similar a la Torá judía, que comprende los cinco libros del Antiguo Testamento: Génesis, Éxodo, Levítico, Números y Deuteronomio.

5. Documento de Damasco: se encuentra en el desván de una antigua sinagoga en El Cairo, una acumulación de textos religiosos desgastados. Los textos estaban incompletos. Sin embargo, el contenido de los textos fue "provocativo, potencialmente explosivo" (Baigent - pág. 145). Habla de una secta de judíos que "se mantuvo fiel a la ley". (Baigent - pg. 145) Hicieron un Pacto con Dios, similar al que se menciona en la compra de

la "Regla de la Comunidad". Especifica tres delitos: riqueza, profanación del Templo y fornicación (tomar más de una esposa).

6. También designa tres tipos: el "Mentiroso" que se separa de la comunidad y se convierte en su enemigo, la Estrella que defiende las leyes de la comunidad y el "Cetro" que es esencialmente el Príncipe de la Casa de David.

7. Comentario de Habacuc: encontrado en la cueva 1, habla sobre el "Maestro de la justicia", o el líder, y el "sacerdote malvado", o el adversario. ¿Fue el sacerdote malvado en realidad Jonathan Maccabaeus (160BC) o su hermano Simon?

Eisenman, después de revisar todos los datos, reconoció que De Vaux había sido demasiado arrogante en sus conclusiones, y que Roth y Driver habían sido correctos. Los rollos habían sido escritos por los esenios, judíos pacifistas del primer siglo.

Cuando se encontraron los Rollos del Mar Muerto, es interesante que los fragmentos del libro de Enoc estén entre las páginas.

CUEVAS DEL MAR MUERTO

Leon Bibi

EL MAR MUERTO DESPLAZA LAS CUEVAS
DESDE UN ÁNGULO DIFERENTE

Huesos

"LOS GIGANTES, Tradicionalmente, se han atribuido a las técnicas de deformación hidrocefálica o de abordaje artificial del cráneo, pero a medida que se ha encontrado y estudiado el número de estos cráneos, es obvio para los investigadores que ciertos cráneos son naturalmente de gran tamaño y tienen capacidades craneales aumentadas. No es el resultado de una enfermedad o manipulación artificial"- Richard J. Dewhurst

Los gigantes son descritos repetidamente en la Biblia. Goliat es uno de ellos, descrito como de aproximadamente 10 '9" de altura, musculoso y espantoso. David es descrito como un humano ordinario, de estatura y estructura ordinarias. Sabemos que a los Vigilantes se les ha descrito teniendo relaciones sexuales con las hijas del hombre. ¿Podrían los gigantes ser la descendencia de los Vigilantes, teniendo los rasgos de su ADN mezclados con los humanos comunes? La única forma en que los gigantes podrían haber existido en la tierra era a través del cruce con los humanos. Una raza de Eljo o Elyo se describe en el libro de Enoc como habiendo recorrido la tierra: hombres de leyenda, hombres de mitología. Estos gigantes existen en la mitología moderna como los dioses griegos - Hércules, Dionisio, Poseidón, etc. Todos llevaban los rasgos de ADN de los Observadores - alto, musculoso, barbudo - con armas únicas como el martillo de Thor o el rayo de Poseidón que actuaba como el armamento actual del siglo XXI. . Los gigantes tenían seis dedos y seis dedos.

Leon Bibi

Muchos esqueletos de gigantes se han recuperado en el arenoso desierto árabe, Francia e incluso en los Estados Unidos. Estos esqueletos van desde 9 '- 23' de altura! Estos esqueletos son, sin duda, los de la descendencia de los Anunnaki (Nephilim de la Biblia) que se aparean con los humanos a lo largo de los años entre el diluvio y el 2000 a. ¡Se han descubierto huesos en Ohio que miden 8 '- 15' de altura con - 6 dedos, dos filas de dientes y cabello rojo! El Smithsonian (por supuesto) confiscaría todos estos huesos descubiertos en el Valle de Ohio desde finales de 1800 hasta finales de 1900. ¿Por qué confiscarlos?

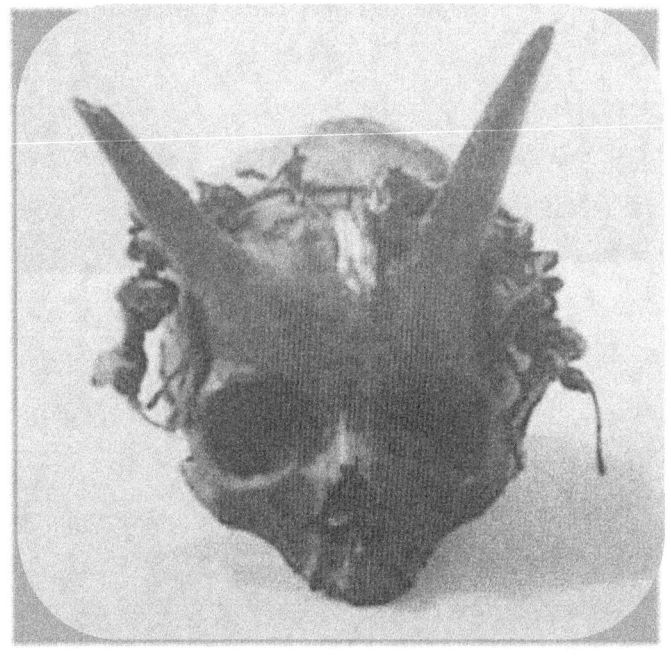

CRÁNEO REAL DE CUERNOS CIRCA 1000 BC

Leon Bibi

FOTO REAL DE HUESOS HUMANOS
GIGANTESCOS. PROBABLEMENTE 15 PIES DE
ALTURA

FOTO REAL DE UN CRÁNEO HUMANO
GIGANTESCO

Leon Bibi

ESTE ESQUELETO HUMANO MIDE VEINTE PIES
DE LARGO

CRÁNEO REAL GIGANTESCO ENCONTRADO EN
EL MEDIO ORIENTE

Leon Bibi

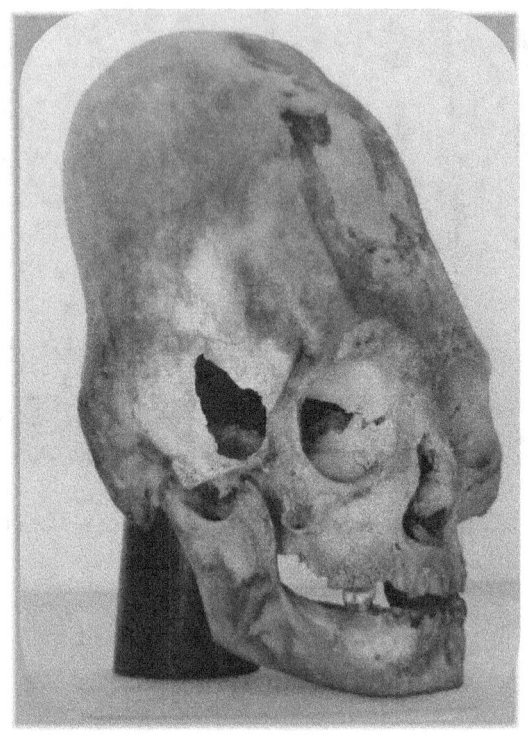

FOTO REAL DE CRÁNEOS CON CRÁNEOS
ALARGADOS ENCONTRADOS EN PERÚ. ÉSTOS
NO SON CRÁNEOS "ATADOS" DESDE EL
NACIMIENTO PARA EL RITUAL, ÉSTOS SON
CRÁNEOS ANUNNAKI INTACTOS QUE
SOSTUVIERON UN CEREBRO 2200CC
(COMPARADO AL CEREBRO ACTUAL DEL 1350CC
HOY).

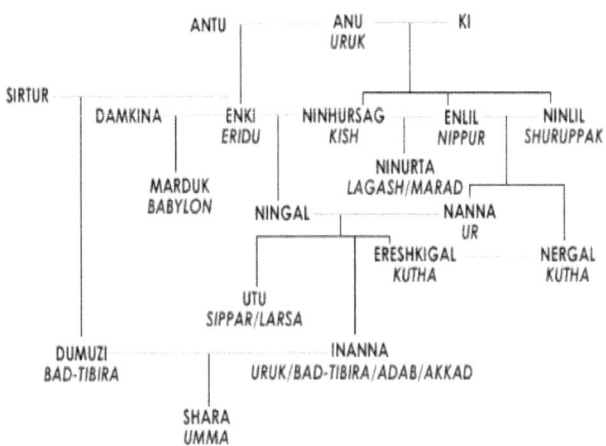

TOP = nombre Anunnaki, parte inferior = ciudad de regla

Datos de soporte

1. La NASA descubrió el agua en la luna desde las misiones de Apolo. Le tomó a la NASA más de 40 años para confirmar esto. Una de las primeras rocas lunares contenía óxido. El 7 de marzo de 1971, los instrumentos lunares detectaron una nube de vapor de $H2O$ en la luna que duró 14 horas y cubrió 100 millas cuadradas. Los soviéticos descubrieron el agua en la luna en la década de 1970 y publicaron este hecho en 1979.

2. El general Nathan F. Twining, comandante del Air Material Group de la década de 1940 a 1950, describió que el interior del platillo volante Roswell contenía teclas similares a una máquina de escribir que controlan el sistema de propulsión, y un tubo circular de 35 pies de largo que contiene una sustancia transparente. Un sistema de bobina de cobre en su interior.

3. Según Bruce Cathie, en su libro "Matemáticas del mundo", la gravedad y la luz son recíprocas entre sí, y los OVNI manipulan estas formas de onda y frecuencias para viajar.

4. Entre 1946-1952, hubo 16 ovnis estrellados que contenían 65 cuerpos extraños.

5. El Programa Espacial "Star Wars" de Ronald Reagan que se transmitió como una iniciativa de defensa contra los rusos era en realidad, una iniciativa de defensa contra los extraterrestres. Se introdujo justo después de que los astronautas

tomaron 122 fotos de bases extraterrestres en la luna.

6. Los grises fueron diseñados para viajes espaciales con piel flexible para hacer frente a las fuerzas g antigravitacionales, tenían un metabolismo muy lento y un corazón grande que bombeaba un fluido de tipo linfático a través de su sistema circulatorio. Su metabolismo y envejecimiento eran mucho más lentos que los humanos, sus pulmones tenían mayor capacidad y sus huesos eran más flexibles. Tenían dificultad para respirar en nuestra atmósfera. Su sistema digestivo era similar a las plantas, al no tener productos de desecho.

7. La nave extraterrestre "desplaza la gravedad a través de la propagación de las ondas magnéticas controladas al desplazar los polos magnéticos alrededor de la nave para controlar, o vector, no un sistema de propulsión sino la fuerza de repulsión de cargas similares (propulsión antigravitacional electromagnética)". - Piers Morris - "Ellos existen"

BIBLIOGRAFÍA

1. "Esotérico Moderno" - Brad Olsen
2. "Templos africanos de los anunnaki" - Michael Tellinger
3. "Civilizaciones extraterrestres" - Will Hart
4. "Extranjeros en el antiguo Egipto - Xaviant Haze
5. "Anunnaki Gods No More" - Sasha Lessin
6. "Arquitectos del Inframundo" - Bruce Rux
7. "Atlantis Beneath the Ice" - Rand y Rose Flem-Ath
8. "Rompiendo el Godspell" - Neil Freer
9. "Diseño de debate" - William A. Dembski y Michael Ruse
10. "El ADN de los Dioses" - Chris Hardy
11. "Todo lo que Sabes está Mal" - Lloyd Pye
12. "Fema Coffins y los Anunnaki" - Peter A. Grimm
13. "Serpientes voladoras y dragones" - R.A. Boulay
14. "De Adán a Omega" - A.R. Roberts
15. "De la Atlántida a la Esfinge" - Colin Wilson
16. "Futuro Esotérico" - Brad Olsen
17. "Dioses del Edén" - Andrew Collins
18. "Dioses del Nuevo Milenio" - Alan Alford
19. "Dioses, genes y conciencia" - Paul Von Ward
20. "La raza perdida de los gigantes" - Patrick Chouinard
21. "El pasado esotérico" - Brad Olsen
22. "Shock pasado" - Jack Barranger
23. "El regreso de la edad de oro" - Edward F. Malkowski

24. "Geometría sagrada y simbolismo espiritual" - Donald B. Carroll
25. "Viaje secreto al planeta Serpo" - Len Kasten
26. "Civilizaciones espaciales" - Eric Franz
27. "Mitología sumeria" - Samuel Noah Kramer
28. "Los 'papeles sin sentido" - James W. Astrada
29. "Los antiguos gigantes que gobernaron América" - Richard J. Dewhurst
30. "Las Crónicas Anunnaki" - Zecharia Sitchin
31. "El regreso de los dioses Anunnaki" - William King
32. "Los Anunnaki de Nibiru" - Gerald Clark
33. "El engaño de los rollos del mar muerto" - Michael Baigent
34. "La central eléctrica de Giza" - Christopher Dunn
35. "El engaño más grandioso" - Dr. Jack Pruett
36. "La gran pirámide: una fábrica de oro monoatómico" - Spencer L. Cross
37. "El libro perdido de Enki" - Zecharia Sitchin
38. "El misterio de Marte" - Graham Hancock
39. "El Misterio de Sirius" - Robert Temple
40. "El Hijo de Dios que caminó por la tierra" - Nathan R. Noble
41. "La Conspiración de Stargate" - Lynn Picknett y Clive Prince
42. "La Controversia Sumeria" - Dr. Heather Lynn
43. "La clave de la Sincronicidad" - David Wilcock
44. "El Templo en el Hombre" - R.A. Schwaller de Lubicz
45. "Había Gigantes sobre la Tierra" - Zecharia Sitchin
46. "Ellos Existen" - Piers Morris

47. "Lo que los Egiptólogos no Quieren que Veas" - Jerret Gardner

Después de todo

La gente me ha preguntado a menudo cuándo escribiría un seguimiento de "Adam = Alien", y siempre respondía "Pronto, pronto, probablemente el próximo año". Poco después de la publicación de "Adam = Alien", recibí una serie de invitaciones para hablar en colegios, universidades, conferencias de ovnis, incluso en restaurantes locales cuyos propietarios estaban interesados en el tema. Vendí mi negocio de 25 años, cambié de profesión y recientemente, perdí a mi padre, que murió a los 94 años. Fue un veterano condecorado en el combate de la Primera Guerra Mundial en Europa de 1941 a 1945. Cada vez que le preguntaba si alguna vez había visto u oído hablar de Foo Fighters durante la Guerra, sorprendentemente dijo: "No, en realidad no".

Un hombre sumamente humilde, que era frugal con las palabras, era tan honesto como ellos: un verdadero caballero.

No podía creer que nunca había visto ni oído hablar de Foo Fighters, cuando miles de veteranos juraron por ellos. Tal vez desde que había estado con un pelotón de ingenieros anfibios terrestres de Brooklyn, Nueva York, no habían estado expuestos a los Foo Fighters en el aire como los pilotos de la Fuerza Aérea. Pero uno pensaría que al menos había oído hablar de ellos. "No, en realidad no".

Escucho "No, no realmente" muy a menudo cuando les pregunto a las personas si creen en los OVNIs, considerarían verdades alternativas a la Biblia o si creen que los extraterrestres han aterrizado aquí en la Tierra, ¡incluso en los EE. UU.! Pero no me disuade. Sigo discutiendo, luchando, persuadiéndome, empujando con más y más evidencia incontrovertible para apoyar mi tesis (y otras compartidas por tantos autores notables en el espacio de Ancient Alien). Creo en ello con tanta fuerza que se ha hecho realidad. Creo en ello con tanta fuerza que cambié 180 grados de un niño religioso temeroso de Dios a un adulto agnóstico que no temía a Dios, a un ateo secular que solo asiste a ceremonias religiosas por respeto a los derechos, creencias y libertades de los demás. Ahora soy un ateo que cree en un arquitecto maestro en el universo, pero no el que la Biblia pretende ser el único Dios de la Biblia. Sí, hay un gran diseño elegante, bellamente construido a través de complejas matemáticas que se extiende desde la espiral de las hebras de nuestro ADN hasta el abismo más profundo de un Agujero Negro.

Si usted, mi querido lector, puede creer solo el 10% de lo que he escrito, entonces lo he logrado. Espero haberlo iluminado solo un poco, de la misma manera que autores como Sitchin, Pye, Alford y Von Daniken me han inspirado de verdad. Hay tantos secretos por ahí. Tantas personas con tantas agendas. Tantas personas que siguen ciegamente la dirección de otras personas. Tanta gente que realmente cree que los líderes gubernamentales mundiales tienen su mejor interés, de corazón. Tantas personas que creen que solo lo que se les enseña en la escuela es la verdad.

Tantas personas que creen cada palabra en la Biblia. ¿Soy una de esas personas?

No, en realidad no.

SOBRE EL AUTOR

LEON BIBI es el autor de "Adam = Alien" Vol. 1. Leon es un historiador e investigador ávido en todos los temas relacionados con arqueología, historia humana y antigua, biología, egiptología y religión. Leon ha sido un orador invitado en el programa de radio "Coast to Coast" de George Noory, y estará en la Serie de "Aliens Antiguos" del History Channel el próximo año. Ha sido invitado a hablar sobre el tema de Ancient Alien en varias conferencias, tanto de radio como de televisión. Leon tiene un B.A de la Washington University en St. Louis y asistió a la Facultad de Derecho de la University of Miami

(FL). Fue director general de una empresa de productos de consumo durante 22 años y miembro de la prestigiosa "Organización de Presidentes Jóvenes" durante 17 años. Es un baterista profesional que toca y graba música a lo largo de su vida adulta. Leon vive con su familia en la costa este de los Estados Unidos.

Desafío del Código

ABAJO ESTA EL CODIGO.

DESBLOQUEARÁ EL ANTIGUO SECRETO DE 4000 AÑOS.

EL CÓDIGO NUNCA SE HA DIVULGADO A LA CULTURA
HUMANA MODERNA.

SI USTED PUEDE ROCAR EL CÓDIGO, APRENDERÁ EL
SECRETO MÁS IMPORTANTE DE NUESTRA VIDA.

UN SECRETO QUE LOS HOMBRES Y MUJERES MÁS
PODEROSOS DEL MUNDO HARÁN CUALQUIER COSA
PARA PROTEGERLO.

UN SECRETO QUE DEBE REVELARSE.

SOLO USTED TIENE LA

Libro 1 de la Trilogía de adam

Adam = Alien Vol.1

El primer libro de la trilogía de Adán de Leon Bibi. Explota en la escena con detalles intrincados sobre los orígenes de Adán. Explora los Anunnaki y su llegada a la Tierra hace cientos de miles de años en busca de oro para salvar a su planeta moribundo. Pirámides, Tesla, Propulsión, OVNI y extraterrestres son ejemplos, ya que Bibi atraviesa su propia transición de un escéptico a un creyente. Parte de la información en el libro te sorprenderá.

EN VENTA AHORA EN

www.amazon.com o www.adamalien.com

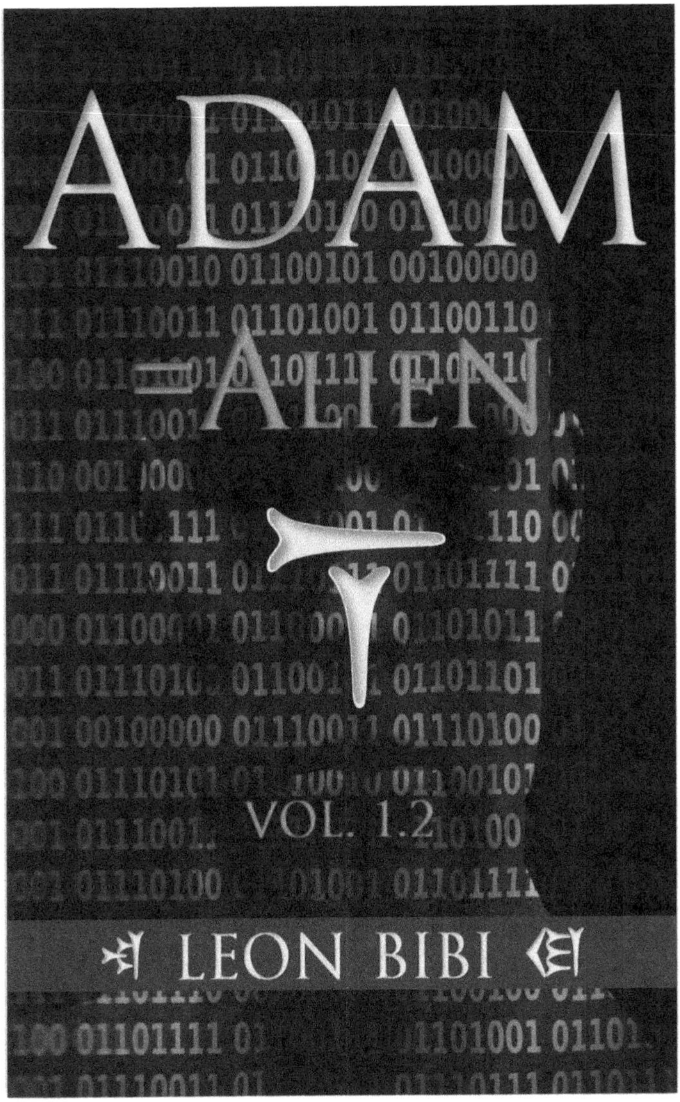
ADAM
=ALIEN
VOL. 1.2
LEON BIBI

Libro 3 de la Trilogía de adam

Este libro profundizará en la sangre y la evidencia cromosómica de manipulación e intervención extraterrestres en la creación del homo sapiens de hoy en día. Explorará los motivos y las acciones de los dioses Anunnaki que utilizaron su propio ADN para crear el primer híbrido humano del mundo hace cientos de miles de años. Demostrará que la supuesta mitología de las tablillas sumerias que contó claramente su historia fue un verdadero registro de nuestros orígenes. La forma en que el Antiguo Testamento y el Nuevo Testamento fue una recapitulación de las tabletas pero que se modificó para cumplir un propósito. Este propósito era egoísta.

La verdad radica en estas tabletas, habladas sin una agenda, que relatan la historia de la creación de la Tierra y todos los organismos multicelulares creados no solo a través de la Supervivencia de la Selección Más Fuerte y Natural. Tuvimos ayuda de los dioses.

¿Cómo lo hicieron? ¿Qué secretos nos dieron? ¿Qué nivel de inteligencia podemos alcanzar?

El libro 3 desvelará todo esto y más.

El Código de Adán continúa…

ADAM

BLOOD

ORIGINS

VOL. 3

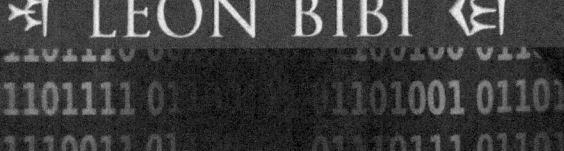

LEON BIBI

ADAM

Descifrado

Una breve historia de los
verdaderos orígenes del
hombre

Vol. 2

Leon Bibi

www.ingramcontent.com/pod-product-compliance
Lightning Source LLC
Chambersburg PA
CBHW071252220526
45468CB00001B/91

9781791396381